编写人员

主　编　刘长彬　刘成江　倪建宏　卢春霞

副主编　张译元　卢守亮　张振良　周　平

参　编（以姓氏笔画为序）

万鹏程　王立民　王智鹏　刘昱成

李守江　李晓林　杨　华　杨永林

余　乾　张　杰　张译元　陈　宁

林祥群　党鹏程　郭延华　傅祥伟

翟曼君

序
Preface

随着我国改革开放的不断深入，近 10 年来我国肉羊业发展迅速，特别是农区肉羊业，已成为农民致富奔小康和"菜篮子"工程的重要产业。为了提高肉羊生产效率和经济效益，降低饲草料成本，提质增效，必须进一步提高现代高新繁殖技术的应用和肉羊饲养技术的集成化水平。本书内容包括中国绵羊品种、绵羊生殖生理、绵羊繁殖新技术、常见病防治等。本书内容丰富、全面，是理论与实践紧密结合的研究成果。本书是作者的工作经验总结，也是我国广大养羊科技工作者高效利用肉羊品种的宝贵参考资料，是肉羊养殖必备的基础读物，具有重要参考价值，可供有关中等专业学校、农业科技人员、专业合作社参考。

特书此序，以示祝贺。

中国工程院院士：

2023 年 5 月

前 言
FOREWORD

　　羊是人类驯养最早的家畜，也是数量多、分布广、与人类共存和发展联系密切的畜种之一。我国养羊历史悠久，全国各地都有养羊的习惯。发展养羊业与国家建设和人民生活密切相关。羊肉营养丰富，蛋白质含量高，胆固醇含量低，肉质细嫩，易消化，具典型风味，是广大农牧民的重要肉食来源。羊皮制品价格低廉，经久耐用，保暖隔热。另外，地毯毛、湖羊羔皮、滩羊二毛皮等是我国传统出口商品，深受国际市场青睐。

　　肉羊生产是具有良好发展前景、优质、高效的畜牧业，应以市场为导向，以当地的优势自然资源为基础，因地制宜发展肉羊生产，推动肉羊养殖产业化。

　　随着社会经济发展，我国农业领域面临巨大挑战，特别是我国加入WTO后，无公害羊肉、绿色羊肉、有机羊肉的出现，给我们提出了更高的要求。为了使中国养羊业全面振兴和可持续发展，加快畜牧业优化升级，增加农牧民收入，繁荣地区经济，维护社会稳定，增进民族团结，提高优质羊肉市场占有率，从而增加养羊饲养区经济收入，促进我国养羊业健康发展，2008年在实施优势肉羊区域布局规划的基础上国家肉羊体系建设启动，极大地促进了我国养羊业健康发展。

　　本书得到国家级"肉羊胚胎移植基地"、新疆生产建设兵团科技计划项目"创新环境建设和能力提升计划"（项目编号：2019CB003）和"科技创新人才计划"（项目编号：2020CB022）、新疆生产建设兵团科技项目"重点领域科技技术攻关计划"（项目编号：2020AB012）的支持。

　　由于编写仓促，作者水平有限，书中遗漏和不足之处在所难免，恳请广大读者和同行批评指正。

编者

2023 年 3 月

序
前言

第一章
中国绵羊品种 ▶▶▶

我国是养羊大国，养羊历史悠久，品种资源丰富，羊存栏量居世界第1位，产区广泛分布于从高海拔的青藏高原到地势较低的东部地区。根据地理分布和遗传关系，绵羊可划分为三大谱系：藏系绵羊（Tibetan group）、蒙古系绵羊（Mogolian group）和哈萨克系绵羊（Kazak group）。长期以来，我国羊产业以产毛为主，从20世纪80年代开始，才逐渐转向以肉用为主，但我国肉羊发展较晚，起点低，与英国相比晚了约200年。近年来，我国肉羊产业迅速发展，种质资源不断丰富，良种繁育体系逐步完善，种羊生产水平稳步提升。

我国劳动人民在长期生产劳动中，培育出了许多优良绵羊品种，这些品种具有多胎性、抗逆性、耐粗饲等特点。同时，产肉性能也较好。随着我国机械化、工厂化饲养水平不断提高，以及人们对膳食结构的调整，由满足羊肉的需要向满足高品质羊肉需求转变。从养羊收入来看，羊肉收入占整个养羊收入的70%~80%。因此，只有抓住羊肉生产，才能从根本上提高养羊的经济效益。从品种上看，世界上大多数国家饲养的羊的品种都是以肉羊为主，肉羊占整个羊品种的80%以上，如英国现有绵羊品种38个，专门化肉用品种36个，可见肉羊生产在养羊业中占主导地位。

由于我国肉羊育种起步晚、基础差，肉羊产业仍然处于起步阶段，世界上大多数国家以肉用品种为主，而我国至今还没有育成一个达到国标的肉羊专门化品种。在肥羔生产上，国际市场上肥羔肉占80%，美国高达95%，而我国仅为5%。随着我国启动"十四五"农业育种技术，绵羊育种再次被提上育种日程，进一步加强了全国上下对肉羊种业的重视，企业育种能力得到增强、育种技术水平得到提升，我国肉羊种业也将加快发展，更好地满足市场多元化消费需求。

第一节 我国地方绵羊品种

我国绵羊品种资源十分丰富。据不完全统计，现有绵羊品种资源98个。其中，地方品种44个，培育品种21个，引入国外品种33个。我国绵羊品种资源具有独特的生产性能和适应能力，但是有些地方品种群体数量在下降，出现濒危，甚至灭绝。

在我国，有羊分布的省、自治区和直辖市约32个。但由于各地生态、经济条件差异很大，因此羊的分布极不平衡。总体上看，绵羊主要分布于温带、暖温带和寒温带的干旱、半干旱和半湿润地带，西北部多于东部，北方多于南方。根据生态经济学原则，结合行政区域，可将我国内地羊的分布划分为 8 个生态地理区域。

东北农区：包括辽宁、吉林和黑龙江三省。东北地区地形复杂，山地、河谷及小平原相互交错，适宜放牧的植被多于灌木层和山地草甸草场，农业和林果业发达，农副产品丰富，为养羊业发展提供了较好的饲料和放牧条件。

内蒙古地区：内蒙古地区以温带大陆性季风气候为主，从东到西自然条件差异明显，春季气温骤升、多大风天气，夏季短促而炎热、降水集中，秋季气温剧降，冬季漫长而寒冷。

华北农区：一般是指除内蒙古以外的黄河中下游地区，包括山东、山西、河北、河南 4 省和北京、天津。该地区主要有丘陵、平原、山地 3 个地形带，属于典型的温带大陆性季风气候，四季分明，冬季寒冷干燥，夏季高温多雨。产区农业发达，农副产品丰富，自古就是我国农业文化开发较早的地区，养羊历史悠久。

西北农牧交错区：是指陕西、甘肃和宁夏 3 个省份。包括黄土高原西部、渭河平原、河西走廊等。陕西秦岭以南属于亚热带气候，其余地域属于内陆气候，干旱少雨，天然草场多属于荒漠、半荒漠草原类型，植被稀疏，荒漠中绿洲农业发达，可提供农副产品作羊的冬春补充饲料。

新疆牧区：全疆草原面积约 5 733.3 万 hm²。新疆因处于内陆，形成明显的温带大陆性气候，气温变化大，日照时间长，降水量少，空气干燥；农作物种植历史悠久，种类繁多，天山南北有天然草场 4 800 万 hm²，为养羊业发展提供了良好的物质基础。

中南农区：是指秦岭山脉和淮河以南除西南 4 省的广大农区，包括上海、江苏、浙江、安徽、江西、湖南、湖北、广东、广西、福建、海南、台湾等南方农区。该地区属于亚热带和热带气候，由于气候温暖潮湿，地形以丘陵、盆地、平原为主，自然条件优越，农业发达，灌层草坡面积大，终年有丰富的饲料，特别是青绿饲料。

西南农区：包括四川省、云南省、贵州省和重庆市。该地属于亚热带湿润季风气候。气温变化幅度小，冬暖夏凉，雨季明显。该地区自古以来就是多民族聚居区域，且生态环境复杂多样，为我国羊遗传资源较丰富的地区。

青藏高原地区：包括西藏、青海、甘肃南部和四川西北部。该地区面积广大，雪山连绵，丘陵起伏，湖盆开阔，到处可见天然牧场。气候寒冷干燥，枯草期长。

根据 2006 年资源调查，中国绵羊品种或遗传资源共 71 个，可按主要生产用途分为以下几类。①细毛羊。包括毛用细毛羊，如中国美利奴羊、新吉细毛羊等；毛肉兼用细毛羊，如新疆细毛羊等；肉毛兼用细毛羊，如东北细毛羊等。②半细毛羊。包括毛肉兼用半细毛羊，如凉山半细毛羊、云南半细毛羊等。③粗毛羊。如藏羊、蒙古羊、哈萨克羊等。④肉脂兼用羊。如阿勒泰羊等。⑤裘皮羊。如滩羊等。⑥羔皮羊。如湖羊、卡拉库尔羊等。此外，调查也发现一些新的、有价值的遗传资源，如兰坪乌骨绵羊、石屏青绵羊、宁蒗黑绵羊等。

一、小尾寒羊

小尾寒羊（Small-tailed han sheep）属于肉裘兼用型地方品种。1989 年收录于《中国羊品种志》。2008 年 12 月《小尾寒羊》国家标准（GB/T 22909—2008）发布。

（一）原产地

小尾寒羊原产于山东省西南部、河南省东部和东北部，以及河北省南部、皖北和苏北一带。在山东省，中心产区主要分布在梁山、郓城、鄄城、巨野、嘉祥、东平、汶上等县。据考证，小尾寒羊起源于宋代中期。当时，我国北方少数民族迁移中原时，把蒙古羊带到了黄河流域。由于气候环境的改变以及饲草饲料和饲养方式的改变，蒙古羊也发生了变化。在产区优越的生态经济条件和饲养者的精心选育下，形成了具有生长发育快、体格高大、繁殖力强、适宜分散饲养、舍饲为主的农区优良绵羊品种。

小尾寒羊的主要产区——鲁西南，地处黄淮冲积平原比较发达的农业区。该地区海拔低（50m 左右），土质肥沃，气候温和。年平均气温 13～15℃，1 月 −14～1℃，7 月 24～29℃，年降水量 500～900mm，无霜期 160～240d。产区也是我国小麦、杂粮和经济作物的主要产区之一，农作物可一年两熟或两年三熟，农副产品和饲草饲料资源丰富，饲养条件比较优越。

（二）外貌特征

小尾寒羊被毛为白色，异质，有少量干、死毛，极少数羊眼圈、耳尖、两颊或嘴角以及四肢有黑褐色斑点。体质结实，体格高大，结构匀称，骨骼结实，肌肉发达。头清秀，鼻梁隆起，眼大有神，嘴宽而齐，耳大下垂。公羊有较大的三棱形螺旋状角，颈粗壮，前胸较宽深，鬐甲高，背腰平直，前后躯发育匀称，侧视略呈方形。母羊半数有小角或角基，形状不一，有镰刀状、鹿角状、姜芽状等，极少数无角，颈较长，胸部较深，腹部大而不下垂，乳房容积大，基部宽广，质地柔软，乳头大小适中。公羊四肢高大粗壮有力，蹄质坚实，具悍威、善抵斗。属短脂尾，尾呈椭圆扇形，尾尖上翻，尾长不超过飞节。按照被毛类型可分为裘毛型、细毛型和粗毛型 3 类。裘毛型毛股清晰、花弯适中美观（图1-1、图 1-2）。

图 1-1　小尾寒羊公羊　　　　　　　　　　图 1-2　小尾寒羊母羊

（三）品种特性

小尾寒羊性成熟早，公羊6月龄性成熟，母羊5月龄即可发情，当年可产羔。初配月龄，公羊为12月龄，母羊为6～8月龄。母羊常年发情，但以春、秋季较为集中。发情周期平均为16.8d，发情持续期平均为29.4h，妊娠期平均为148.5d。年平均产羔率267.1%。羔羊断奶成活率95.5%。

小尾寒羊母羊初情期平均为6～8月龄，性成熟期差异较大，主要原因是性成熟受出生季节、胎产羔数、初生重及生长发育影响。6月龄母羊体重为周岁羊体重的60%，但其子宫重达周岁羊子宫重的76%以上。由此可见，繁殖器官的早熟是高繁殖力品种的重要种质特性。小尾寒羊公羊性成熟为5月龄。小公羊在4月龄已有性欲，有爬跨行为，5月龄有阴茎勃起现象。在5月龄的公羊输精管内发现有85%的成熟精子，6月龄可见到100%的成熟精子。此时，原精中精子密度为30亿个/毫升，基本达到输精标准。

小尾寒羊繁殖率高，早熟、多胎、多羔。小尾寒羊母羊6月龄即可配种受胎，年产2胎，胎产2～6只，有时高达8只；平均产羔率每胎达266%以上，每年产羔率达500%以上。

小尾寒羊母羊全年都能发情配种，但在春、秋季比较集中，受胎率也比较高。根据研究，母羊产羔后到第1次发情，需要（48.9±15.67）d，产后到配种妊娠一般在（67.20±20.71）d。小尾寒羊的发情持续时间为（30.23±4.84）h，发情周期为（16.54±1.32）d，妊娠期为（148±2.06）d。

小尾寒羊生长发育快，3月龄断奶公羊体重为（27.07±0.71）kg，断奶母羊体重为（23.62±0.56）kg；周岁公羊体重为（63.92±1.65）kg，周岁母羊体重为（50.10±0.96）kg；成年公羊体重为（80.50±2.18）kg，成年母羊体重为（57.30±2.09）kg。在小尾寒羊中，以分布在山东省菏泽市的体重最大。

小尾寒羊剪毛量，周岁公羊为（1.29±0.47）kg，周岁母羊为（1.40±0.10）kg；成年公羊为（2.84±0.10）kg，成年母羊为（1.94±0.55）kg。净毛率，成年公羊为68.40%，成年母羊为61.00%。小尾寒羊被毛异质。谭成立等（1992）的研究表明，周岁羊羊毛纤维类型所占百分比为：无髓毛占52.25%，两型毛占8.90%，有髓毛占36.40%，干、死毛占2.45%；成年羊，上述纤维类型所占百分比相应为67.88%、9.40%、16.00%和6.99%（图1-3）。

据测定，6月龄小尾寒羊鲜皮面积为8 411.6cm²，重量为（3.25±0.09）kg，皮厚为（2.07±0.09）mm；12月龄上述指标分别为10 499.7cm²、（5.10±0.13）kg和（2.49±0.13）mm。羔羊皮板轻薄，花穗明显，花案美观，适于制裘；板质质地坚韧，弹性好，适于制革。严逊河等（2006）研究表明，小尾寒羊羔皮中，以大毛羔皮（30～60日龄）的品质为最好。该羔皮毛股紧实，长5.04cm，粗7.79mm，毛股弯曲数3.2个，羔皮总面积为（2 806.0±279.5）cm²。其中，有花面积占98.61%。

小尾寒羊育肥性能比较理想，但受多种因素制约。李玉阁（1994）对经过育肥的6月龄小尾寒羊羔羊肉品质进行研究后指出，羔羊腿短，躯干宽深，肌肉丰满，皮下脂肪薄且均匀分布在胴体整个表面；肌肉间脂肪可见，呈明显大理石纹状结构；肉色浅红，有的肉块为鲜红色；肌肉紧凑，可切成鲜嫩的肉片。胴体重（17.07±2.66）kg，屠宰率

49.32%，胴体长（74.75±3.25）cm，眼肌面积（17.24±3.37）cm²；经胴体分割，腰肉和后腿肉占胴体的 38.55%。羔羊肉的化学组成：水分占 74.07%，粗蛋白质占 17.06%，粗脂肪占 7.91%，粗灰分占 0.96%。

图 1-3　小尾寒羊群体

（四）利用与评价

小尾寒羊是我国著名的地方优良绵羊品种之一。农业部于 1980 年在山东省投资建成了国家级小尾寒羊保种场——嘉祥种羊场。1988 年 12 月，山东菏泽地区"小尾寒羊选育和提高"项目进行验收鉴定时，专家鉴定委员会主任赵有璋教授当时评价小尾寒羊是中国的国宝，是"世界超级绵羊品种"，其生长发育和繁殖率不亚于世界著名的兰德瑞斯羊和罗曼诺夫羊。2002 年，山东省对嘉祥和梁山两县小尾寒羊进行了品种登记。河南省在 1990 年建立了河南小尾寒羊保种场，划定区域开展选育。2008 年，山东省嘉祥种羊场被列入国家级畜禽遗传资源保种场。

小尾寒羊繁殖率高、生长发育快、体格大，目前还不是"天下第一"，且其分布仅局限在山东省的西南地区。同时，从体型外貌来看，小尾寒羊四肢较高，前胸不发达，体躯狭窄，肋骨开张不够，后躯不丰满，肉用体型欠佳；羊肉颜色偏白，口感和风味也不理想。另外，在品种内、个体间不同的分布地区之间，体格大小、生长发育、繁殖率、毛皮品质等都有不同程度的差异，有的甚至差别很大。因此，应当客观、全面认识和宣传小尾寒羊，用其所长，克服其短，才能充分发挥其在我国现代养羊业发展中的积极作用。

（五）营养成分

12 月龄小尾寒羊通脊肉含蛋白质 21.24g/100g，含水量 74.64g/100g，脂肪 1.08g/100g，系水力 71.24%，灰分 1.13g/100g，pH6.04，嫩度剪切力 7.82kgf*/cm²，肌纤维直径 19.56μm，熟肉率 68.02%，干物质 25.36g/100g，铜 2.35mg/kg，铁 1.32mg/kg，锌 12.13mg/kg，总氨基酸 88.35mg/100g，必需氨基酸（EAA）46.0mg/100g，与肉品香味有关的氨基酸 40.26μg/100g，维生素 A 10.92μg/100g，维生素 E 0.56μg/100g，维生素 B₁

＊　千克力（kgf）为非法定计量单位。1kgf=9.806 65N。——编者注

0.46μg/100g，维生素 B_2 0.25μg/100g，维生素 B_5 5.23μg/100g，维生素 B_6 0.24μg/100g，维生素 B_3 0.23μg/100g，维生素 B_{11} 0.13μg/100g。

二、湖羊

湖羊（Hu sheep）是我国特有的白色羔皮用绵羊地方品种。

（一）原产地

湖羊是太湖平原重要的家畜之一，是我国一级保护地方畜禽品种，为稀有白色羔皮用绵羊品种，也是世界著名的多胎绵羊品种。具有早熟、四季发情、一年一胎、每胎多羔、泌乳性能好、生长发育快、改良后有理想产肉性能、耐高温高湿等优良性状，分布于我国太湖地区，终年舍饲。产后1~2d宰剥的小湖羊皮花纹美观。

据资料考证，公元12世纪初，黄河流域的居民大量南移，同时把饲养在冀、鲁、豫地区的"大白羊"（即现在的小尾寒羊）携至江南，主要饲养在江苏、浙江两省交界的太湖流域一带，尤以杭、嘉、湖地区较为集中，故而得名湖羊。

湖羊主要分布在湖州、桐乡、嘉兴、长兴、德清、余杭、海宁和杭州市郊，江苏省的吴江等县以及上海的部分郊区县。产区为蚕桑和稻田集约化的农业生产区，气候湿润，雨量充沛。年平均气温为15~16℃。1月最冷，月平均气温在0℃以上，最低气温−7~−3℃；7月最热，月平均气温28℃左右，最高气温达40℃，年降水量1 000~1 500mm，年平均相对湿度高达80%，无霜期260d。

（二）外貌特征

湖羊全身被毛为白色，偶见黑眼圈及四肢有黑色、褐色斑点。体格中等，头狭长而清秀，鼻梁隆起，公、母羊均无角，眼大凸出，多数耳大下垂，颈细长，体躯狭长，背腰平直，腹微下垂，四肢偏细而高。母羊尻部略高于鬐甲，乳房发达。公羊体型较大，前躯发达，胸宽深，胸毛粗长。属短脂尾，尾扁圆形，尾尖上翘。被毛异质，呈毛丛结构，腹毛稀而短粗，颈部及四肢无绒毛（图1-4、图1-5）。

图1-4　湖羊公羊　　　　　　　　　　　图1-5　湖羊母羊

（三）品种特性

湖羊性成熟早，公羊为 5～6 月龄，母羊为 4～5 月龄。初配年龄，公羊为 8～10 月龄，母羊为 6～8 月龄。母羊四季发情，以 4—6 月和 9—11 月发情较多，发情周期约为 17d，妊娠期约为 146.5d。繁殖力较强，一般每胎产羔 2 只以上，多的可达 6～8 只，经产母羊平均产羔率 277.4%，一般 2 年产 3 胎。初生重，公羊平均为 3.1kg，母羊平均为 2.9kg。45 日龄断奶重，公羊平均为 15.4kg，母羊平均为 14.7kg。羔羊断奶成活率约为 96.9%。

湖羊一般安排在 4—5 月配种，9—10 月产羔，1 年 2 胎。但一部分羊也可适当调整繁殖季节，安排在 9—11 月配种，翌年 2—4 月产羔，以实现 2 年 3 胎。湖羊性成熟早，繁殖力强，四季发情、排卵，终年配种产羔。经产母羊平均产羔率 220% 以上。

湖羊生长发育快，4 月龄公羊平均体重达 31.6kg，母羊达 27.5kg；1 岁公羊体重为 （61.66±5.30）kg，母羊为 （47.23±4.50）kg；2 岁公羊体重为 （76.33±3.00）kg，母羊为 （48.93±3.76）kg。屠宰后净肉率为 38% 左右。

羔羊出生后 1～2d 内屠宰的羔皮称为小湖羊皮。小湖羊皮毛色洁白、光润，有丝一般的光泽，皮板轻柔，花纹呈波浪形，为我国传统出口商品。羔羊出生后 60d 以内宰剥的皮称袍羔皮，也是上好的裘皮原料。毛股长 5～6cm，花纹松散，皮板轻薄。

湖羊毛属异质毛，每年春、秋两季剪毛。成年公羊剪毛量为 1.25～2.0kg，成年母羊剪毛量约为 2kg，被毛中干、死毛较少，平均细度 44 支，净毛率 60% 以上，适宜织地毯和粗呢绒。（图 1-6）。

图 1-6 湖羊群体

（四）利用与评价

湖羊对潮湿、多雨的亚热带气候和常年舍饲的饲养管理方式适应性强。进入 20 世纪，由于湖羊所产白色波浪形羔皮价格高昂，是 80 年代的重要出口换汇物资，因而湖羊成为著名的羔皮品种。90 年代以后，随着羔皮市场的衰落，湖羊的发展方向发生逆转，从"皮主肉从"进入"肉主皮从"时期。进入 21 世纪以来，随着市场经济的发展和人们生活水平的提高，对羊肉的需求与日俱增。但我国目前羊肉生产滞后，市场上羊肉价格一直处于高位，因此大力生产无公害优质羊肉迫在眉睫。

湖羊是我国地方优良品种，也是生产高档肥羔和培育现代专用肉羊新品种的优秀母本品种，特别是其适于在高温、潮湿地区常年舍饲。因此，在我国亚热带地区推广饲养，应该很有前景。

（五）营养成分

12月龄湖羊通脊肉蛋白含量约为19.12g/100g，水分含量约为74.55%，系水力约为63.64%，灰分约为1.34g/100g，必需氨基酸占总氨基酸的比例约为40.59%。失水率是反映肉品质的重要指标，与肌肉的物理形态、风味、肉色等都有显著关系。一般认为，肉样失水率越低，系水力越高，肉的保水性越好，肉质更柔软，品质更佳，湖羊肉失水率约为23.59%。熟肉率是评定肉品质的重要指标，熟肉率影响肉的滋味、营养成分、嫩度及色泽等食用品质，湖羊肉熟肉率为60.78%。湖羊肌肉中脂肪含量约为3.85g/100g，含有17种氨基酸，其中人体必需氨基酸有7种，必需氨基酸含量约为6.45%。氨基酸是蛋白质的重要组成部分，联合国粮食及农业组织（FAO）、世界卫生组织（WHO）推荐，EAA/TAA为0.4左右，EAA/NEAA在0.6以上为优质蛋白。湖羊肉中EAA/TAA为0.40～0.41，EAA/NEAA为0.66～0.70，蛋白质中必需氨基酸组成平衡，品质优良。

三、哈萨克羊

哈萨克羊（Kazakh sheep）属于粗毛绵羊地方品种。该品种于1989年收录于《中国羊品种志》。

（一）原产地

哈萨克羊为中国三大粗毛绵羊品种之一，主要分布在新疆天山北麓、阿尔泰山南麓和塔城等地，甘肃、青海、新疆三省（自治区）交界处也有少量分布。产区气候变化剧烈，夏热冬寒，1月平均气温-15～-10℃，7月平均气温22～26℃。年降水量200～600mm。在阿尔泰山和天山山区冬季积雪占全年降水量的35%，积雪期长约5个月，积雪厚度超过30cm。年蒸发量1 500～3 000mm，无霜期102～185d。草场条件因地区、季节不同而差异极大，一般夏季草场条件较好，春、秋草场条件较差。哈萨克羊饲养管理极为粗放，四季轮换放牧，羊随季节变化转场，最长距离达上千千米。草场积雪后，羊必须扒雪采食牧草。由于长时间在这样艰苦的生态条件下生存，哈萨克羊形成了适应性强、体格结实、四肢高、善于行走爬山、夏秋季迅速积聚脂肪等特点。

（二）外貌特征

哈萨克羊毛色以棕红色为主，部分个体头、四肢为黄色，头、四肢杂色的个体也占有相当数量，纯白或全黑的个体不多。被毛异质，干、死毛多，毛质较差。体质结实，结构匀称，头中等大，耳大下垂。公羊大多具有粗大的螺旋形角，鼻梁隆起。母羊无角或有小角，鼻梁稍有隆起。颈中等长，胸较深，背腰平直，后躯比前躯稍高，四肢高而粗壮，肢势端正。尾宽大，外附短毛，内面光滑无毛，呈方圆形，多半在正中下缘处由一浅纵沟将其对半分为两瓣，少数尾无中浅沟，呈完整的半圆球状。头、四肢生有短刺毛，腹毛稀短。由于脂肪沉积于尾根而形成肥大的椭圆形脂臀，因而得名"肥臀羊"（图1-7、图1-8）。

图1-7　哈萨克羊公羊

图1-8　哈萨克羊母羊

（三）品种特性

哈萨克羊5～8月龄性成熟，初配年龄18～19月龄。母羊秋季发情，发情周期平均为16d，妊娠期150d，产羔率99.0％。初生重，公羊平均为4.3kg，母羊平均为3.5kg。断奶重，公羊平均为35.8kg，母羊平均为28.5kg。羔羊140日龄左右断奶，哺乳期平均日增重，公羊225g，母羊178g，羔羊断奶成活率98.0％。母羊一般年产1胎，1胎1羔，平均产羔率为101.95％。

单胎公羊和母羊的平均初生重分别为4.16kg和3.85kg；双胎公羊和母羊的平均初生重分别为3.21kg和2.75kg；平均断奶重公羊为32.26kg，母羊为31.55kg；周岁公羊春季平均体重为42.95kg，周岁母羊的为35.8kg；成年公羊平均体重为60.34kg，成年母羊的为44.90kg；剪毛量，公羊平均为2.03kg，母羊平均为1.88kg；净毛率，公羊平均为57.8％，母羊平均为68.9％。哈萨克羊肌肉发达，后躯发育良好，屠宰率平均为45.5％（图1-9）。

图1-9　哈萨克羊群体

（四）利用与评价

2005年，伊犁哈萨克自治州尼勒克和特克斯地区建立了2个繁育基地。近年来，伊犁哈萨克自治州采取建立种羊场、培育养殖大户、建立品种登记制度、活体保种等措施，加速了保种工作的进展。20世纪50年代产区以饲养哈萨克羊为主，随着细毛羊杂交改良的开展，哈萨克羊数量不断减少。进入90年代后，由于市场对羊肉需求量剧增，群体数量迅速增长，为80年代的3.3倍。作为母系品种，哈萨克羊曾参加了新疆细毛羊、军垦细毛羊等品种的育成。

（五）营养成分

12月龄哈萨克羊通脊肉含蛋白质平均为21.73g/100g，含水量平均为75.32g/100g，脂肪平均为1.54g/100g，系水力平均为55.67%，灰分平均为1.32g/100g，pH5.76，嫩度剪切力平均为6.69kgf/cm^2，肌纤维直径平均为20.23μm，熟肉率平均为66.76%，干物质平均为24.68g/100g，铜平均为1.35mg/kg，铁平均为2.32mg/kg，锌平均为9.13mg/kg，总氨基酸平均为27.25mg/100g，必需氨基酸（EAA）平均为12.0mg/100g，维生素A平均为15.98μg/100g，维生素E平均为0.76μg/100g，维生素B$_1$平均为0.35μg/100g，维生素B$_2$平均为0.27μg/100g，维生素B$_5$平均为3.25μg/100g，维生素B$_6$平均为0.25μg/100g，维生素B$_3$平均为0.29μg/100g，维生素B$_{11}$平均为0.03μg/100g；主要特征物质包括苯甲醛、3-甲硫基丙醛、戊酸、3-甲基戊酸、2-丙醇、5-甲基-2-呋喃甲醇、2-辛醇、羟基丙酮、2-庚烯醛、苯乙醛、庚醇、3-甲基戊酸、2，4-庚二烯醛、3-己烯-1-醇、2，4-庚二烯醛、2-丁氧基乙醇、2-乙酰基呋喃、辛酸异丙酯、反-2-辛烯醛、二乙二醇二甲醚、壬醇、辛酸等22种。

四、蒙古羊

蒙古羊（Mongolian sheep）是我国数量最多、分布最广的绵羊品种，属于粗毛绵羊地方品种。1985年收录于《内蒙古家畜家禽品种志》，1989年收录于《中国羊品种志》。

（一）原产地

蒙古羊是我国三大粗毛绵羊品种之一，是我国数量最多、分布最广的粗毛绵羊品种，它具有生活力强、适于游牧、耐寒、耐旱等特点，并有较好的产肉、产脂性能。蒙古羊原产于蒙古高原，是我国宝贵的畜禽遗传资源之一。

自古以来，我国北方各游牧民族从事牧业和狩猎，历代民族之间的接触以及民族的迁移与杂居，为蒙古羊广泛传播创造了条件。因此，蒙古羊目前除了分布在内蒙古自治区以外，东北、华北、西北各地也有不同数量的分布。

（二）外貌特征

蒙古羊体躯被毛为白色，头、颈、眼圈、嘴与四肢多为有色毛。体型外貌由于所处自然生态条件、饲养管理水平不同而有较大差别。一般表现为体质结实，骨骼健壮，肌肉丰满，体躯呈长方形。头形略显狭长，鼻梁隆起，额宽平，眼大而凸出，耳大下垂。部分公羊多有角呈螺旋形，母羊多无角或有小角。颈长短适中，胸深，肋骨不够开张，背腰平直，体躯稍长，尻稍斜，四肢细长而强健，蹄质坚硬，短脂尾，尾长一般大于尾宽，肥厚，尾尖卷曲呈S形。农区饲养的蒙古羊，全身被毛白色，公母羊均无角（图1-10、图1-11）。

图1-10　蒙古羊公羊

图1-11　蒙古羊母羊

（三）品种特性

蒙古羊初配年龄，公羊18月龄，母羊8～12月龄。母羊为季节性发情，多集中在9—11月，发情周期平均为18.1d，妊娠期平均为147.1d，母羊一般年产1胎，1胎1羔，产双羔者为103%～105%，羔羊断奶成活率平均为99%。羔羊初生重，公羊平均为4.3kg，母羊平均为3.9kg。放牧情况下多为自然断奶，羔羊断奶重，公羊平均为35.6kg，母羊平均为23.6kg。

总体上看，蒙古羊从东北向西南体型由大变小。分布在内蒙古中部地区的成年蒙古羊，公羊体重平均为69.7kg，母羊平均为54.2kg；农区的公羊体重平均为49kg，母羊平均为38.0kg；西部地区的成年公羊体重平均为47.0kg，母羊平均为32.0kg。蒙古羊的被毛属异质毛，主要为白色，也可见到花色者。一般年剪毛2次，剪毛量，成年公羊为1.5～2.2kg，成年母羊为1.0～1.8kg。春毛毛丛长度为6.5～7.5cm。产肉性能较好，质量高，成年羊满膘时屠宰率可达47%～52%。5～7月龄羔羊胴体重可达13～18kg，屠宰率40.0%以上（图1-12）。

（四）利用与评价

尚未建立蒙古羊保护区和保种场，未进行系统选育，处于农牧民自繁自养状态。作为母本品种，蒙古羊曾参与新疆细毛羊、内蒙古细毛羊和东北细毛羊等品种的育成。

（五）营养成分

12月龄蒙古羊通脊肉蛋白质含量平均为22.92g/100g，含水量平均为73.69g/100g，

图1-12　蒙古羊群体

脂肪平均为 2.84g/100g，系水力平均为 58.87%，灰分平均为 1.28g/100g，pH 平均为 5.86，嫩度剪切力平均为 6.33kg/cm²，肌纤维直径平均为 19.7μm，熟肉率平均为 65.86%，干物质平均为 26.31g/100g，铜平均为 2.35mg/kg，铁平均为 1.36mg/kg，锌平均为 12.13mg/kg，总氨基酸含量平均为 25.36mg/100g，必需氨基酸（EAA）含量平均为 14.0mg/100g，与肉品香味有关的氨基酸（天门冬氨酸、谷氨酸、苯丙氨酸、缬氨酸、丝氨酸、组氨酸、蛋氨酸、异亮氨酸之和）含量平均为 12.96mg/100g，维生素 A 含量平均为 20.98μg/100g，维生素 E 平均为 0.83μg/100g，维生素 B_5 平均为 4.33μg/100g，维生素 B_6 平均为 0.29μg/100g；高蛋白质、低脂肪，矿物元素、氨基酸、维生素含量丰富，具有较高的营养价值。

五、西藏羊

西藏羊（Tibetan sheep）又称藏羊、藏系羊，是中国三大粗毛绵羊品种之一。原产于青藏，四川、甘肃、云南和贵州等省与青藏高原毗邻地区也有分布，可分为草地型（高原型）和山谷型（河谷型），对高寒地区恶劣气候环境和粗放饲养管理具有良好的适应能力，是产区重要畜种之一。

由于西藏羊分布面积很广，各种地形、海拔高度、水热条件差异大，在长期自然和人工选择下形成了一些各具特点的自然类群。1942 年，我国著名养羊学家张松荫教授在大量实地考察的基础上，根据西藏羊繁育地区的自然生态环境、社会经济条件以及羊的外形特征和生产性能等差异，将西藏羊分成 2 种类型，即牧区的"草地型（高原型）"和农区的"山谷型（河谷型）"。近年来，随着社会经济的发展，各省、自治区结合本地实际，除上述 2 种类型外，又将藏羊分列出一些中间或独具特点的类型。如西藏将藏羊分为雅鲁藏布型藏羊、三江型藏羊；甘肃省将草地型（高原型）藏羊分成甘加型藏羊、欧拉型藏羊、乔科型藏羊；云南省分出 1 个特冲型藏羊；四川省分出 1 个山地型藏羊。

西藏羊1989年收录于《中国羊品种志》（图1-13至图1-15）。

图1-13 西藏羊公羊

图1-14 西藏羊母羊

图1-15 西藏羊群体

（一）草地型（高原型）藏羊

1. 原产地 草地型（高原型）藏羊是藏羊的主体，数量多。据薄吾成（1986）考证，"今天的藏羊是古羌人驯化、培育的羌羊流传下来的。其原产地为陕西西部和甘肃大部，中心产区在青藏高原。"在西藏境内，主要分布于冈底斯山、念青唐古拉山以北的藏北高原和雅鲁藏布江地带；在青海境内，主要分布在海北、海西、海南、黄南、玉树、果洛6个州的广阔高寒牧区；在甘肃境内，80%的羊分布在甘南州的各县；在四川境内，分布在甘孜、阿坝州北部牧区。产地海拔2 500~5 000m，多数地区年平均气温-1.6~6℃，年降水量300~800mm，相对湿度40%~70%。草场类型有高原草原草场、高原荒漠草场、亚高山草甸草场、半干旱草场等。

根据各地区藏羊类群分布数量统计，近年来，藏羊数量基本恢复或略有增长，品种均无明显变化，多数品种不处于濒危状态。但是，大多没有开展过系统的品种选育，无品种标准及产品商标。

2. 外貌特征 草地型（高原型）藏羊体质结实，体格高大，四肢较长。公、母羊均有角，公羊角长而粗壮，呈螺旋状向左右平伸，母羊角细而短，多数呈螺旋状向外上方斜伸。鼻梁隆起，耳大，前胸开阔，背腰平直，十字部稍高，扁锥形小尾。体躯被毛以白色为主，被毛异质，毛纤维长，两型毛含量高，光泽和弹性好，强度大，两型毛和有髓毛较粗，绒毛比例适中。因此，由藏羊毛织成的产品有良好的回弹力和耐磨性，是织造地毯、提花毛毯等的上等原料。这一类型藏羊所产羊毛，即为著名的"西宁毛"。

3. 品种特性 草地型（高原型）藏羊成年公羊平均体高、体长、胸围和体重分别为 68.3cm、74.8cm、90.2cm、51kg，成年母羊分别为 65.5cm、70.6cm、84.9cm、43.6kg。屠宰率平均为 48.7%。剪毛量，成年公羊平均为 0.6kg，成年母羊平均为 0.5kg。净毛率平均为 79.03%，羊毛含脂率平均为 4.17%。毛被质量差，普遍有干、死毛。草地型（高原型）藏羊繁殖力不高，母羊每年产 1 胎，每胎产 1 羔，双羔率极低。屠宰率 43.0%～47.5%。藏羊的小羔皮、二毛皮和大毛皮为制裘的良好原料。

4. 营养成分 12 月龄草地型（高原型）藏羊通脊肉色泽深红，大理石纹评分较低，肌纤维直径平均为 18.6μm，嫩度剪切力平均为 6.41kgf/cm²，系水力平均为 59.83%，熟肉率平均为 63.76%，含水量平均为 72.59g/100g，蛋白质平均为 23.92g/100g，脂肪平均为 2.94g/100g，灰分平均为 1.68g/100g，干物质平均为 27.41g/100g，铜平均为 20.13mg/kg，铁平均为 100.25mg/kg，钾平均为 395mg/kg，锌平均为 15.97mg/kg，总氨基酸平均为 40.26mg/100g，必需氨基酸（EAA）平均为 14.25mg/100g，维生素 A 含量平均为 21.98μg/100g，维生素 E 含量平均为 0.26μg/100g，维生素 B₁ 含量平均为 0.15μg/100g，维生素 B₅ 含量平均为 4.32μg/100g。

（二）山谷型（河谷型）藏羊

1. 原产地 主要分布在青海省南部的班玛、囊谦两县的部分地区，四川省阿坝州南部牧区，云南的昭通市、曲靖市、丽江市、保山市、腾冲市等。产区海拔在 1 800～4 000m，主要是高山峡谷地带，气候垂直变化明显。年平均气温 −13～2.4℃，年降水量 500～800mm。草场以草甸草场和灌丛草场为主。

2. 外形特征 山谷型（河谷型）藏羊体格较小，结构紧凑，体躯呈圆筒状，颈稍长，背腰平直。头呈三角形，公羊多有角，短小，向后上方弯曲，母羊多无角，四肢矫健有力，善于登山远牧。被毛主要有白色、黑色和花色，多呈毛丛结构，被毛品质各地差异明显。

3. 品种特性 剪毛量一般 0.8～1.5kg。成年公羊平均体重为 40.65kg，成年母羊为 31.66kg。屠宰率约为 48%。如青海省班玛、囊谦的山谷型（河谷型）藏羊干、死毛含量高，羊毛品质差；云南省昭通地区的山谷型（河谷型）藏羊，成年母羊的肩部无髓毛（按重量百分比计）占 66.3%，两型毛占 33.2%，死毛占 0.77%；臀部上述各纤维类型占比分别为 59.75%，39.87%和 0.38%。

4. 利用与评价 西藏羊作为母系品种，曾参与了青海细毛羊、青海高原毛肉兼用半细毛羊、凉山半细毛羊、云南半细毛羊和澎波半细毛羊等新品种的育成。20 世纪 60 年代初，西北畜牧兽医研究所的邓诗品等，曾引入德国美利奴羊公羊改良甘肃的欧拉型藏羊，一代杂种生长发育快、体格大、肉用性能好，并且生活力强、抗逆性好。

2006 年，西藏在阿旺地区建立了阿旺绵羊资源保种场，已应用现代分子遗传测定方法开展选种选育工作。今后在利用上，应以本品种选育为主，有计划地开展选种选配工作，避免近交。同时，在可能的条件下，积极改善饲养管理条件，不断提高羊的体重、改善羊肉和羊毛品质。特别是草地型（高原型）藏羊，应尽可能降低被毛中的干、死毛含量，不断提高羊毛品质，确保"西宁毛"在国内外地毯毛品牌原料中的地位。

5. 营养成分　12 月龄山谷型（河谷型）藏羊通脊肉色泽鲜红，明暗色度值（L*）、红绿色度值（a*）、黄蓝色度值（b*）分别为 47.64、10.68、12.25，肌纤维直径平均为 $17.3\mu m$，嫩度剪切力平均为 $6.76kgf/cm^2$，含水量平均为 76.40%，灰分平均为 1.34%，蛋白质平均为 20.07%，总氨基酸平均为 19.12%，含有 13 种脂肪酸，包括 6 种饱和脂肪酸（SFA），3 种单不饱和脂肪酸（MUFA）和 4 种多不饱和脂肪酸（PUFA），含量分别约为 23.61%、47.91%、28.48%，失水率平均为 32.71%、蒸煮损失率平均为 48.53%；羊肉中有 95 种风味物质，其中烃类化合物最多，有 29 种，约占 30.53%；醇类 20 种，约占 21.05%；醛类 24 种，约占 25.26%；酮类 7 种，约占 7.37%；酸类 10 种，约占 10.53%；酯类 4 种，约占 4.21%；其他 1 种，约占 1.05%。

六、大尾寒羊

大尾寒羊（Large-tailed han sheep）属于肉脂兼用型绵羊地方品种。早在 20 世纪 80—90 年代，山东、河南两省积极推进大尾寒羊的保种工作，制定了"大尾寒羊保种选育及开发利用实施方案"，建立了"良种登记制度"等多项保障措施。近年来，河南完成了河南大尾寒羊肉用性能测定、繁殖性能调查、种质特性测定以及生长发育规律研究等。建立了产肉性能配套技术体系，使得群体整齐度及生产性能有所提高。大尾寒羊于 1989 年被收录于《中国羊品种志》。

（一）原产地

大尾寒羊分布在我国河北、山东、河南等省。据单乃铨（1983）考证，我国中原地区的大尾寒羊是原产于中亚、近东和阿拉伯一代的脂尾羊。由于寒羊和蒙古羊的分布地区长期地理上的接壤交错，以及历代社会变革和民族的迁徙活动，出现了相当数量不同血缘成分的寒蒙混血种以及地区性变异的个体。在 10 世纪前后，经过元代、明代、清代的持续发展，加上当地群众对公、母羊有意识地选择，终于形成了今天的大尾寒羊。

大尾寒羊主要分布在河北邯郸市、邢台市和沧州市，山东聊城市、临清市、冠县、高唐以及河南郏县等地。产区为华北平原腹地，海拔 30～70m，气候温暖，年平均降水量 600～800mm，无霜期 180～240d，水资源丰富，是比较发达的农业区，农副产品丰富，除可为畜牧业提供大量秸秆、秧蔓，以及饼粕类饲料外，还可利用小片休闲地、路旁、河堤及草滩和荒地作放牧地。

自 20 世纪 60 年代开展绵羊杂交改良工作以来，大尾寒羊的分布地区和数量逐渐缩小和减少。

（二）外貌特征

大尾寒羊被毛为白色。体躯呈长方形，体质结实，体格较大。头大小适中，额较宽，鼻梁隆起，耳大下垂，公羊多有螺旋形大角，母羊角呈姜形，部分公、母羊无角。颈中等长，鬐甲低平，后躯较高，胸宽深，肋骨开张良好，背腰平直，尻长倾斜。四肢粗壮，蹄质坚实。乳房发育良好。尾大肥厚，超过飞节，有的接近或拖及地面，呈芭蕉扇形，桃形尾尖紧贴于尾沟，呈上翻状（图1-16、图1-17）。

图1-16　大尾寒羊公羊　　　　　　　　　　图1-17　大尾寒羊母羊

（三）品种特性

大尾寒羊公羊6～8月龄性成熟，母羊5～7月龄性成熟。初配年龄，公羊18～24月龄，母羊10～12月龄。母羊常年发情，发情周期为18～21d，妊娠期145～150d。1年2产或2年3产者居多。以河南大尾寒羊产羔率和羔羊成活率最高，分别为205%和99%。周岁公、母羊平均体重分别为41.6kg和29.2kg，成年公、母羊平均体重分别为72.0kg和58.0kg。一般成年母羊尾重10kg左右，种公羊尾最重者达74kg。6—8月龄公羊胴体重平均为20.62kg，屠宰率平均为52.23%；1～1.5岁公羊胴体重平均为26.64kg，屠宰率平均为54%。肉质鲜嫩、多汁、味美。成年公、母羊平均剪毛量分别为3.30kg和2.70kg，毛长分别约为10.40cm和10.20cm。净毛率45.0%～63.0%。大尾寒羊所产羔皮和二毛裘皮，毛色洁白，毛股一般有6～8个弯曲，花穗清晰美观，弹性、光泽良好，既轻便又保暖。

大尾寒羊成年公羊平均体高、体长、胸围和体重分别为73.6cm、74.1cm、91.0cm、72.0kg，成年母羊分别为64.05cm、68.47cm、87.26cm、52.0kg。产区1年剪毛2次或3次，剪毛量，公羊平均为3.3kg，母羊平均为2.7kg。毛皮加工后质地柔软，美观轻便，毛股不易松散。以周岁内羔皮质量最好，颇受群众欢迎。大尾寒羊毛被同质性好，羊毛可用于纺织呢绒、毛线等。成年羊和羔羊的毛皮轻薄，毛股的花穗美观，其二毛裘皮和羔皮深受群众欢迎（图1-18）。

图1-18 大尾寒羊群体

（四） 利用与评价

大尾寒羊生长发育快，成熟早，产肉性能好，繁殖率高，被毛皮质较好。成年羊和羔羊的毛皮轻薄，毛股的花穗美观。抗炎热及腐蹄病的能力强。但尾大多脂，配种困难，现已不受大多数群众欢迎。应划定保种区，开展本品种选育，着重选育多胎性状，推行肥羔生产。

（五） 营养成分

12月龄大尾寒羊通脊肉含蛋白质平均为20.74g/100g，含水量平均为72.54g/100g，脂肪平均为2.02g/100g，系水力平均为72.27%，灰分平均为1.28g/100g，pH平均为6.24，嫩度剪切力平均为6.72kgf/cm^2，肌纤维直径平均为17.52μm，熟肉率平均为70.22%，干物质平均为27.46g/100g，铜平均为3.35mg/kg，铁平均为0.72mg/kg，锌平均为9.13mg/kg，总氨基酸平均为38.85mg/100g，必需氨基酸（EAA）平均为12.8mg/100g，与肉品香味有关氨基酸（天门冬氨酸、谷氨酸、苯丙氨酸、缬氨酸、丝氨酸、组氨酸、蛋氨酸、异亮氨酸）含量平均为39.25μg/100g。

七、同羊

同羊（Tong sheep）又名同州羊（同州即现在陕西省大荔县），古称茧耳羊，属于肉毛兼用脂尾型半细毛绵羊地方品种。2001年，白水县种羊场被列为全国重点良种畜禽种质资源保种单位。同羊于1989年被收录于《中国羊品种志》。2008年，白水县同羊原种场被列入国家畜禽遗传资源保种场。

（一） 原产地

据考证，同羊育成已有 1 300 年，《太平寰宇记》中记载："从西魏文帝大统七年以沙苑地宜六畜设监……"宋代用同羊肉烹调的美味佳肴已家喻户晓，据《澄怀录》记载，苏东坡赞誉同羊肉，"烂蒸同州羊，灌以杏酪，食以匕，不以箸，亦大快事"，开始提出"同州羊"一名。同羊的祖先与大尾寒羊同宗，由于所处地理位置的原因，不同程度地含有蒙古羊的血液，经长期选育而成现在的同羊。主要分布在陕西省渭南、咸阳两市北部各县，延安市南部和秦岭山区有少量分布。产区属于半干旱农区，地形多为沟壑纵横山地，海拔 1 000m 左右。年平均降水量 550～730mm，无霜期 150～240d。可利用的放牧地为河滩地、浅山缓坡及作物茬地等。饲养方式多为半放牧半舍饲。目前，同羊数量急剧减少，已处于濒危状态。

（二） 外貌特征

同羊有"耳茧、尾扇、角栗、肋筋"四大外貌特征。耳大而薄（形如茧壳），向下倾斜。公、母羊均无角，部分公羊有栗状角痕。颈较长，部分个体颈下有 1 对肉垂。胸部较宽深，肋骨细如筋，拱张良好。公羊背部微凹，母羊背部短直、较宽，腹部圆大。尾大如扇，按其长度是否超过飞节，可分为长脂尾和短脂尾两大类型，90％以上的同羊为短脂尾。同羊全身被毛洁白，中心产区 59％的羊产同质毛和基本同质毛，其他地区羊产同质毛较少。腹毛着生不良，多由刺毛覆盖（图 1-19、图 1-20）。

图 1-19 同羊公羊　　　　　　　　图 1-20 同羊母羊

（三） 品种特性

周岁公、母羊平均体重分别为 33.10kg 和 29.14kg；成年公、母羊平均体重分别为 44.0kg 和 36.2kg。剪毛量，成年公、母羊分别约为 1.40kg 和 1.20kg，周岁公、母羊分别约为 1.00kg 和 1.20kg。净毛率平均为 55.35％。周岁羯羊屠宰率平均为 51.57％，成年羯羊平均为 57.64％，净毛率平均为 41.11％。毛纤维类型重量百分比：绒毛占 81.12％～90.77％，两型毛占 5.77％～17.53％，粗毛占 0.21％～3.00％，死毛占 3.60％。羊毛细度，成年公羊为 23～61μm，成年母羊约为 23.05μm。周岁公、母羊羊毛长度均在9.0cm以上。同羊肉肥鲜美，瘦肉绯红，肌纤维细嫩，烹之易烂，食之可口。具有陕西关中独特地方风味的"羊肉泡馍""腊羊肉""水盆羊肉"等食品，皆以同羊肉为上选。

同羊6～7月龄即达性成熟，1.5岁配种。全年可多次发情、配种，一般2年3胎。但产羔率很低，一般1胎1羔（图1-21）。

图1-21 同羊群体

（四）利用与评价

采用保种场保护，20世纪60年代初白水县对同羊进行了系统全面的品种调查。1976年，白水县建立县办省助的白水县种羊场，对同羊开始进行有目的、有计划的系统选育。1982年，白水县制定了省级同羊品种标准，1985年白水县确定白水县种羊场为省级重点畜禽保种场。1986—1994年，相关研究人员对同羊的10项种质特性和利用进行了系统研究。

（五）营养成分

同羊肉质好，细嫩多汁，烹之易烂，食之可口、膻味轻。同羊肉中水分含量平均为48.10%，粗蛋白质平均为24.20%，粗灰分平均为1.00%，谷氨酸约占氨基酸总量的13.20%，不饱和脂肪酸约占脂肪酸总量的59.20%，高级脂肪酸中油酸约占38.50%、亚油酸约占22.40%、亚麻酸约占0.20%。

八、乌珠穆沁羊

乌珠穆沁羊（Ujimqin sheep）以生产优质羔羊肉而著称，属于肉脂兼用粗毛型绵羊地方品种。1983年国家标准总局正式颁布了国家标准《乌珠穆沁羊》（GB 3822—1983），2008年6月发布了修订的国家标准《乌珠穆沁羊》（GB/T 3822—2008）。

（一）原产地

乌珠穆沁羊是在当地特定的自然气候和生产方式下，经过长期的自然和人工选择而逐渐育成的肉脂兼用粗毛型绵羊品种。主产于内蒙古锡林郭勒盟东部乌珠穆沁草原，故以此得名。主要分布在东乌珠穆沁旗和西乌珠穆沁旗，以及毗邻的锡林浩特、阿巴嘎旗部分地区。产区处于蒙古高原东南部、大兴安岭西麓，属大陆性气候，海拔 800～1 200m，气候较寒冷，年平均气温 0～1.4℃，如东乌珠穆沁旗 1 月平均气温 −24℃（最低 −40℃），7 月平均气温 20℃（最高 39℃）。年降水量为 250～300mm，无霜期为 90～120d。每年 10 月中下旬开始积雪，厚度为 8～9cm，到翌年 4 月底才能化尽。青草期短，枯草期长。草原类型为森林草原、典型草原和干旱草原。牧草以菊科和禾本科为主，如线叶菊、冷蒿、羊草、大针茅、隐子草、早熟禾、薹草。另外，还有直立黄芪、莎草和杂草。草层高度为 20～30cm。

（二）外貌特征

乌珠穆沁羊体躯被毛白色。头、颈、眼圈、嘴多为黑色。体质结实，体格较大。头大小中等，额稍宽，鼻梁微凸，耳大下垂，背腰宽平，肌肉丰满。公羊有角或无角，角呈螺旋形，母羊多无角。体躯较长，呈长方形，后躯发育良好。颈中等长，四肢端正。体躯宽而深，胸围较大，不同性别和年龄羊的体躯指数都在 130% 以上，体长指数大于 105%，肉用体型比较明显。尾肥大，尾宽稍大于尾长，尾中部有一纵沟，稍向上弯曲。头或颈部黑色者约占 62.0%，全身白色者占 10.0%（图 1-22、图 1-23）。

图 1-22 乌珠穆沁羊公羊

图 1-23 乌珠穆沁羊母羊

（三）品种特性

乌珠穆沁羊公、母羊 5～7 月龄性成熟，初配年龄为 18 月龄。母羊多集中在 9—11 月发情，发情周期为 15～19d，发情持续期为 1～3d，妊娠期约为 149d。年平均产羔率为 113.0%。羔羊成活率平均为 99.0%。初生重，公羊平均为 4.4kg，母羊平均为 3.9kg。100 日龄断奶重，公羊平均为 36.3kg，母羊平均为 34.1kg。哺乳期日增重，公羊平均为 320g，母羊平均为 300g。6 个月龄的公、母羊体重平均达 40kg 和 36kg，成年公羊 60～70kg，成年母羊 56～62kg，平均胴体重 17.90kg，屠宰率平均为 50%，平均净肉重为 11.80kg，净肉率为 33%；乌珠穆沁羊羊肉水分含量低，富含钙、铁、磷等矿物质，肌原纤维和肌纤维间脂肪沉淀充分。

乌珠穆沁羊 1 年剪毛 2 次，成年公羊平均剪毛量为 1.9kg，成年母羊平均剪毛量为

1.4kg；周岁公、母羊平均剪毛量分别为 1.4kg 和 1.0kg，乌珠穆沁羊毛被属异质毛，由绒毛、两型毛、粗毛及死毛组成，各类型毛纤维重量百分比为：成年公羊绒毛约占52.98%、粗毛约占 1.72%、干毛约占 27.9%、死毛约占 17.4%；成年母羊相应约为31.6%、12.5%、26.4%和29.5%。净毛率约为72.3%。成年公羊平均体高、体长、胸围和体重分别为（71.1±3.52）cm、（77.4±2.93）cm、（102.9±4.29）cm、（74.43±7.15）kg，成年母羊分别为（65.0±3.10）cm、（69.7±3.79）cm、（93.4±5.75）cm、（58.40±7.76）kg。

乌珠穆沁羊的毛皮可用作制裘，以当年羊产的毛皮质佳。其毛皮毛股柔软，具有螺旋形环状卷曲。初生和幼龄羔羊的毛皮也是制裘的好原料。乌珠穆沁羊游走采食、抓膘能力强，大群放牧日行 15～20km，边走边吃。雪天，乌珠穆沁羊善于扒雪吃草（图1-24）。

图 1-24 乌珠穆沁羊群体

（四）利用与评价

乌珠穆沁羊由于长期生活在冬季漫长寒冷、风大、夏季短暂且温差大的自然环境中，因而对恶劣气候条件有良好的适应能力，并具有生长发育快、成熟早、肉质鲜嫩、色味鲜美、营养成分含量高的优点。特别是在夏、秋水草肥美季节，抓膘速度快，是个很有发展前途的肉脂兼用粗毛型绵羊品种，适于肥羔生产。1959 年开始进行乌珠穆沁羊的系统选育工作。1963 年选育群达 44 个，有基础母羊 5 万余只，种公羊近1 000只。

（五）营养成分

12 月龄乌珠穆沁羊通脊肉含蛋白质含量约为 22.82g/100g，含水量约为74.07g/100g，脂肪含量约为 0.51g/100g，系水力约为 69.78%，灰分含量约为 1.29g/100g，pH 约为 5.72，嫩度剪切力约为 5.42kgf/cm²，肌纤维直径约为 17.23μm，熟肉率约为 68.36%，干物质含量约为 25.93g/100g。该肉肉质细腻，蛋白质含量高，脂肪含量相对较低，纤维较细，有较好的系水力，微量元素中铁和锌含量较高，分别约为2.32mg/kg、9.13mg/kg，必需氨基酸含量约为 13.32mg/100g，第一限制性氨基酸赖氨酸含量约为 6.59mg/100g，羊肉中共轭亚油酸（CLA）相对含量约为 0.99％，其具有抗癌、促生长、降低血中胆固醇含量、提高免疫力等功效。

九、阿勒泰羊

阿勒泰羊（Altay sheep）又名阿勒泰大尾羊，属肉脂兼用粗毛型绵羊地方品种。1959 年，新疆建立福海种羊场，不断提高阿勒泰地区阿勒泰羊的品质。1984 年，新疆畜牧厅行文将阿勒泰大尾羊定名为阿勒泰羊，1985 年建立了品种登记制度，1990—1993 年实施了《肉羊增产配套技术措施》项目，阿勒泰羊产肉性能和经济效益明显提高。阿勒泰羊 1989 年被收录于《中国羊品种志》。

（一）原产地

阿勒泰羊主要分布在新疆北部阿勒泰地区的福海、富蕴、青河、阿勒泰、布尔津、吉木乃及哈巴河等 7 个县（市）。该品种的形成与当地生态环境密切相关，阿勒泰地区冬季寒冷而漫长，草场条件差，四季营养供应极不均衡。夏季在牧草丰茂、气候凉爽的高山牧场放牧，阿勒泰羊尾部沉积大量脂肪，供天寒地冻、牧草枯竭、营养不足的冬季维持机体新陈代谢的热量平衡。到 1980 年底，本品种数量达 128.86 万只，适龄母羊 87.62 万只，占 68％。福海、富蕴、青河和阿勒泰为阿勒泰羊的主要产区。

产地处在阿尔泰山的中山带，位于北纬 45°00′—48°10′，东经 87°00′—89°04′，海拔 350～3 200m，产区以典型大陆性气候为主。年平均气温 4℃，极端最低气温 −42.7℃，无霜期 147d。年降水量 121mm，降水多集中在 4—9 月，相对湿度 50.0％～70.0％。年平均日照时数 2 788h。年积雪期 200～250d，积雪厚度 15～20cm。

（二）外貌特征

阿勒泰羊是哈萨克羊中的一个优良分支，所以体型外貌与哈萨克羊相似。被毛为棕红色或淡棕色，部分个体为黄色或黑色，体躯有花斑，纯黑或纯白个体较少。体格高大，体质结实，耳大下垂，个别羊为小耳。公羊鼻梁隆起，一般具有较大的螺旋形角，母羊鼻梁稍有隆起，约 2/3 的个体有角。颈中等长，胸宽深，鬐甲平宽，背平直，肌肉发育良好。十字部稍高于鬐甲。四肢高而结实，股部肌肉丰满，肢势端正，蹄小坚实，沉积在尾根附近的脂肪形成方圆的大尾，大尾外面覆有短而密的毛，内侧无毛，下缘正中有一浅沟将其分成对称的两半。母羊的乳房大而发育良好。被毛属异质毛，干、死毛含量高（图 1-25、图 1-26）。

（三）品种特性

阿勒泰羊 4～6 月龄性成熟，初配年龄 1.5 岁。母羊发情周期为（17.2±0.25）d，发情持续期为 1～2d，妊娠期约 150d。产羔率，初产母羊约为 100.0％，经产母羊产羔率约为 110.3％。初生重，公羊（5.2±0.3）kg，母羊（4.8±0.2）kg。断奶重，公羊

图1-25　阿勒泰羊公羊

图1-26　阿勒泰羊母羊

（40.1±0.9）kg，母羊（35.6±1.6）kg。羔羊断奶成活率98.0%。

成年公、母羊平均体重分别为85.6kg和67.4kg；1.5岁公、母羊平均体重分别为61.1kg和52.8kg；4月龄公、母羊平均断奶重分别为38.93kg和36.6kg。成年羯羊的屠宰率约为52.88%，胴体重平均为39.5kg，臀脂约占胴体重的17.97%。成年公、母羊剪毛量分别约为2.4kg和1.63kg，绒毛约占59.55%、两型毛约占3.97%、粗毛约占7.75%、干、死毛约占28.73%。无髓毛的平均细度为21.03μm，长度为9.8cm；有髓毛的平均细度为41.89μm，长度为14.3cm。净毛率约为71.24%。阿勒泰羊毛质地差，多用于擀毡。

阿勒泰羊具有良好的早熟性和较高的肉脂生产性能。在放牧条件下，5月龄羯羊屠宰前平均活重36.35kg，平均胴体重19.12kg，其中臀脂重约为2.96kg，屠宰率约为52.61%；1.5岁羯羊上述指标相应为54.10kg、27.50kg、4.20kg和50.9%；3～4岁羯羊相应为74.7kg、39.5kg、7.1kg和53.0%（图1-27）。

图1-27　阿勒泰羊群体

（四）利用与评价

阿勒泰羊形成历史悠久，已有1 200多年。据《新唐书》记载："西域出大尾羊，尾房广，重 10 斤。"唐贞观年间大尾羊作为贡品献给宫廷。有"新疆羊大如牛，尾大如盆"的赞誉。阿勒泰羊是在特定的自然生态环境条件下，牧民长期选择体格大、产肉多和适应性强的羊，通过精心培育形成的优良地方品种。

（五）营养成分

12 月龄阿勒泰羊通脊肉中蛋白质含量约为 21.34g/100g，含水量约为 74.24g/100g，脂肪约为 0.92g/100g，系水力约为 65.62%，灰分约为 1.24g/100g，pH 约为 5.59，嫩度剪切力约为 5.92kgf/cm^2，肌纤维直径约为 17.73μm，熟肉率约为 67.25%，干物质约为 25.76g/100g。脂肪酸主要由肉豆蔻酸、棕榈酸、硬脂酸、油酸、亚油酸和亚麻酸构成，各种脂肪酸占总脂肪酸的百分比分别约为 8.9%、23.6%、13.5%、34.9%、2.4% 和 1.3%。氨基酸的含量约占样品总重的 0.02%。羊脂的挥发性成分主要有环丁醇、环己烷、乙酸乙酯、正戊醛、甲苯、乙醛等。阿勒泰羊肉主要特征物质包括 2-乙基-1-己醇、戊醛、1-丁醇、3-甲硫基丙醛、苯甲醛、戊酸、3-甲基戊酸、2-丙醇、5-甲基-2-呋喃甲醇、辛醇及羟基丙酮等 16 种。

十、兰州大尾羊

兰州大尾羊（Lanzhou large-tailed sheep）属于肉脂兼用粗毛型绵羊地方品种，1980 年被确定为优良地方品种，1989 年被收录于《中国羊品种志》。

（一）原产地

据考证，在清代同治年间，有人从同州（今陕西省大荔县一带）引入同羊，与兰州当地羊（蒙古羊）杂交，经过长期人工选择和培育形成兰州大尾羊。

兰州大尾羊主要产区在甘肃省兰州市城郊及毗邻县的农村，兰州地区处于黄土高原北部、甘肃中部干旱地区西侧，大部分属于黄土高原丘陵沟壑区，海拔 1 500～2 500m。气候干燥寒冷，温差大，降水量少（年均 332mm），冬季较长，生长季节较短，日照丰富（年均 2 430.2h），年均气温 9.5℃，绝对最高温 36.7℃，绝对最低温 －21.7℃。年均蒸发量 1 393.2mm，无霜期 199d。产区主要作物除小麦、谷子、糜子、马铃薯、玉米外，还盛产各类瓜果和蔬菜，为饲养兰州大尾羊提供了大量菜叶、树叶和牧草。另外，城市食品工业副产品（酒糟、醋糟、豆腐渣等）较多，为饲养兰州大尾羊提供了丰富的饲料原料。

（二）外貌特征

兰州大尾羊被毛纯白，体质结实，结构匀称，头大小中等，公羊和母羊均无角，耳大略向前垂，眼大有神，眼圈淡红色，额宽，鼻梁稍隆起。颈较长而粗，胸深而宽，胸深接近体高的 1/2，肋骨开张良好。腰背平直，十字部微高于鬐甲部，臀部微倾斜。四肢相对较长，体肥，整个呈长方形。脂尾肥大，方圆平展，自然下垂至飞节上下，尾有中沟将尾部分为左右对称两瓣，尾尖外翻，并紧贴尾沟中。尾面着生被毛，内面光滑无毛，呈淡红色。公羊与母羊相比，不仅体型较大，而且骨骼发育比较快（图 1-28、图 1-29）。

图 1-28 兰州大尾羊公羊　　　　　　　　图 1-29 兰州大尾羊母羊

（三）品种特性

兰州大尾羊公羊 9～10 月龄性成熟，母羊 7～8 月龄性成熟，初配年龄为 1.5 岁。母羊发情周期为 17d，发情持续期为 1～2d。繁殖终止期 8 岁。饲养条件好的母羊一年四季均可发情。母羊妊娠期为 150d，年产 1 胎。饲养管理好的母羊可 2 年 3 胎，产羔率为 117.0%。

兰州大尾羊体格大，早期生长发育快，肉用性能好。周岁平均体重，公羊53.1kg、母羊 42.6kg；成年公羊平均体高、体长、胸围和体重分别为 70.5cm、73.7cm、91.8cm、57.89kg，成年母羊分别为 63.6cm、67.4cm、84.6cm、44.35kg。10 月龄羯羊平均胴体重 21.34kg，净毛率平均为 15.04%，尾脂重平均为 2.46kg，屠宰率平均为 58.57%，胴体净肉率平均为 78.17%，尾脂重约占胴体重的 11.46%；成年羯羊上述指标相应为 30.52kg、22.37%、4.29kg、62.66%、83.72% 和 13.23%。

根据春毛纤维类型重量比例测定，公羊平均绒毛含量为 67.21%，两型毛约占17.69%，粗毛约占 4.44%，干、死毛约占 10.65%。母羊平均绒毛含量为 64.95%，两型毛约占 17.58%，干、死毛约占 17.47%。兰州大尾羊春、秋两季各剪毛 1 次。年平均剪毛量，公羊为 2.45kg，母羊 1.38kg。羊的被毛属混型毛（图 1-30）。

（四）利用与评价

兰州大尾羊 1980 年被确定为优良地方品种。2007 年，永登县建成了永登县明鑫良种肉羊繁育场，进行了基础设施建设，引进 20 只种羊（2 只公羊，18 只母羊）进行活体保种。兰州大尾羊具有生长快、早熟、产肉力高、肉质细嫩等优点，但数量不多，又分散饲养，个体间生产性能差异大。应采取积极有效的措施，保护好这一优秀的羊品种遗传资源。

图 1-30 兰州大尾羊群体

（五） 营养成分

12 月龄兰州大尾羊通脊肉肌肉红值 a 值最高能达到 21.61，肉色较鲜艳，pH 一般为 5.6 左右，失水率平均为 6.68%，熟肉率平均为 61.20%，系水力较好，加工品质较好。剪切力值是反映肌肉嫩度最主要的指标，剪切力值越小，嫩度越好，兰州大尾羊羊肉剪切力的平均值为 29.56N，肌肉中大理石纹多而显著，表示其中蓄积的脂肪较多，肉多汁性好。羊肉的主体风味物质有癸醛、辛醛、壬醛、2-壬烯醛、2,4-壬二烯醛、反-2-癸烯醛、2,4-癸二烯醛等，其气味特征主要表现为蜡香味、脂香味、蘑菇味和黄瓜味等；兰州大尾羊尾部沉积大量脂肪，尾脂中共检测出 36 种脂肪酸，约占脂肪酸总量的 99.75%，其中不饱和脂肪酸含量约为 56.68%，油酸占比最大，约为 41.18%；饱和脂肪酸含量约为 43.31%，主要含有棕榈酸、硬脂酸，含量分别约为 20.64%、11.37%。多不饱和脂肪酸含量约为 6.08%，共轭亚油酸（CLA）含量约为 1.15%。

十一、广灵大尾羊

广灵大尾羊（Guangling large-tailed sheep）属于肉脂型绵羊地方品种。

（一） 原产地

广灵大尾羊主要分布在山西省大同市广灵县，中心产区集中在该县的壶泉镇、加斗乡、南村镇，附近的阳高、浑源、怀仁和大同等地也有分布。产区海拔 1 000～1 800m，山多川少，年平均气温 6.7～7.9℃，年降水量 420mm，无霜期 150～170d，属温带大陆性季风气候。产区农作物以玉米、谷子为主，经济作物有白麻和向日葵，大量的农副产品为培育和发展广灵大尾羊提供了丰富的饲草料资源。

按其尾型分类广灵大尾羊属于短脂尾羊，是蒙古羊的一个类型。在当地生态环境的影响下，经过农民群众的精心饲养管理、严格选择和长期闭锁繁育，在体型外貌和生产性能方面趋于一致，逐渐形成了具有生长发育快、早熟、脂尾大、产肉率高、皮毛较好的地方优良粗毛兼用型品种。

（二）外貌特征

广灵大尾羊头中等大小，耳略下垂，公羊有角，母羊无角，颈细而圆，体型呈长方形，四肢强健有力。脂尾呈方圆形，宽度略大于长度，多数有小尾尖，向上翘起；成年公羊平均尾长为 21.84cm、尾宽为 22.44cm、尾厚为 7.93cm，成年母羊上述指标相应为18.70cm、19.45cm、4.50cm。毛色纯白，杂色者很少。被毛着生良好，呈明显毛股结构（图 1 - 31、图 1 - 32）。

图 1 - 31　广灵大尾羊公羊

图 1 - 32　广灵大尾羊母羊

（三）品种特性

广灵大尾羊 6～8 月龄性成熟，初配年龄一般在 1.5～2.0 岁。母羊发情周期为 16～18d，妊娠期为 150d。平均初生重，公羊 3.7kg，母羊 3.7kg。平均断奶重，公羊27.6kg，母羊 27.7kg。母羊春、夏、秋三季均可发情配种。在良好的饲养管理条件下，可达到 1 年 2 产或 2 年 3 产，产羔率约为 102%。

广灵大尾羊产肉性能好。周岁公羊平均体重为 33.4kg，周岁母羊为 31.5kg；成年公羊平均体重为 51.95kg，成年母羊为 43.35kg。10 月龄羯羊屠宰率平均为 54.0%，尾脂重平均为 3.2kg，约占胴体重的 15.4%；成年羯羊的上述指标相应为 52.3%、2.8kg和 11.7%。

广灵大尾羊皮板致密，被毛白色异质，但干、死毛含量很低，绒毛丰满，粗细毛比例适中，达到收购一级皮的标准。根据对 12 张羊皮的测定，平均长 87.7cm，宽48.7cm，面积 4 366.7cm²。绒毛占 53.5%，两型毛占 15.3%，发毛占 30.6%，干、死毛占 0.6%，外层股长 7.5cm，底层绒毛长 4.4cm。绒毛平均直径 24.5μm。羊毛密度 1 653 根/cm²，净毛率 68.6%。习惯于春抓绒，秋剪毛。一只成年羊，一般春抓绒 1.22kg，秋剪毛1.54kg（图 1 - 33）。

图 1-33 广灵大尾羊群体

（四） 利用与评价

广灵大尾羊是在特定环境条件下形成的优良品种，为了保存这一地方肉用方向遗传资源，采用育种场保种。2007年广灵县建立育种场，开始本品种选育和保种工作，进一步提高早熟性和繁殖率，向肥羔肉方向发展。

（五） 营养成分

暂无。

十二、巴音布鲁克羊

巴音布鲁克羊（Bayinbuluke sheep）又称茶腾大尾羊、巴音布鲁克大尾羊、巴音布鲁克黑头羊，属肉脂兼用粗毛型绵羊地方品种。1989年，巴音布鲁克羊被收录于《中国羊品种志》。

（一） 原产地

巴音布鲁克羊主要分布在新疆维吾尔自治区和静县巴音郭楞乡、巴音乌鲁乡和巴音布鲁克牧场。以巴音郭楞蒙古自治州的和静、和硕、焉耆、博湖、轮台等县及库尔勒市等为中心产区，是巴音郭楞蒙古自治州的优良地方品种，具有早熟、耐粗饲、适应性强等优点，以产肉量高而著称，是新疆3个大尾羊品种之一，也是巴音郭楞蒙古自治州的当家肉用羊品种，是巴音布鲁克高寒草原的主要畜种之一。产地海拔2 000～3 500m，气候严寒、干旱、多风、不积雪或少积雪，年平均气温−4.7℃。草场属高寒草原草场和高寒草甸草场。存栏量60万只。

（二）外貌特征

巴音布鲁克羊体躯为白色，头、颈为黑色，个别为黄色。被毛异质，干、死毛较少。体质结实，体格中等。头较窄而长，鼻梁稍隆起，两眼微凸，耳大下垂。公羊多有螺旋形角，母羊有角或有角痕。背腰平直而长，十字部比鬐甲部稍高。后躯较前躯发达，四肢较高，蹄质致密。尾属短脂尾。尾部脂肪沉积形状可分为 W 形、U 形和倒梨形（图1-34、图1-35）。

图 1-34　巴音布鲁克羊公羊　　　　　　　图 1-35　巴音布鲁克羊母羊

（三）品种特性

巴音布鲁克羊性成熟一般在 5～6 月龄，初配年龄为 1.5～2.0 岁。母羊发情期为 17d，妊娠期为 145～150d。产羔率为 97.0%，羔羊成活率为 91.7%。初生重，公羊为（3.9±0.6）kg，母羊为（3.7±0.6）kg。断奶重，公羊（26.8±2.2）kg，母羊（26.9±2.9）kg。哺乳期平均日增重，公羊 191g，母羊 194g。大群繁殖率为 91.5%～96.4%，双羔率仅为 102%～103%。

巴音布鲁克羊成年公羊平均体高、体长、胸围和体重分别为 78.7cm、78.5cm、97.4cm、69.5kg，成年母羊分别为 71.7cm、71.1cm、86.3cm、43.2kg。当年羯羔宰前平均体重为 30.4kg，平均胴体重为 13.4kg，平均屠宰率为 44.1%；成年羊宰前平均体重为 63.25kg，胴体重为 27.99kg，屠宰率为 46.5%。春、秋季各剪毛 1 次。春毛剪毛量，成年公羊平均为 1.5kg，母羊平均为 0.9kg。秋毛剪毛量一般在 0.5kg 以上。巴音布鲁克羊适应当地生态环境条件，应予保留和发展，毛被品质好，但剪毛量低（图 1-36）。

（四）利用与评价

巴音布鲁克羊具有早熟、耐粗饲、抗寒抗病、适应高海拔地区等优点，是新疆肉脂兼用地方良种绵羊之一。缺点是作为肉用品种，体重偏小、繁殖率低。今后应加强本品种选育，提高繁殖性能和肉用性能。

图 1-36　巴音布鲁克羊群体

（五）营养成分

巴音布鲁克羊背通脊蛋白质含量为 21.15g/100g，肌内脂肪含量为 5.12g/100g，水分含量为 68.86％，灰分含量为 1.26％；羊肉中可识别出 33 种挥发性物质，包括酮类 7 种、醇类 4 种、醛类 14 种、酯类 1 种、酸类 3 种、醚类 1 种、萜烯类 1 种、杂环类 2 种；主要特征物质包括戊醛、1-丁醇、3-甲硫基丙醛、苯甲醛、戊酸、3-甲基戊酸、2-丙醇、5-甲基-2-呋喃甲醇、2-辛醇、羟基丙酮等 10 种，肉中苯甲醛、3-甲基戊酸、5-甲基-2-呋喃甲醇 3 种成分含量明显高于其他品种，可将其作为区别于其他品种羊肉的主要特征风味物质，这 3 种物质通常由于脂肪酸降解、氨基酸或硫胺素的热降解产生，能够有效地修饰肉品风味，赋予羊肉熟制过程中浓厚的脂香。

十三、和田羊

和田羊（Hetian sheep），俗称洛浦大尾羊，属地毯毛型绵羊地方品种，分农区型（草湖型）和山区型 2 种。和田羊 1989 年被收录于《中国羊品种志》。2008 年策勒县恰哈乡、于田县奥依托格拉克乡和洛浦县杭桂镇被列为国家级畜禽遗传资源保护区。

（一）原产地

和田羊是短脂尾粗毛羊，产于新疆和田市，主要分布于和田、洛浦、墨玉、民丰、策勒、皮山等县，以产优质地毯毛著称。产地南倚昆仑山，北接塔里木盆地，属大陆性荒漠气候。地势南高北低，由东向西倾斜。降水量稀少，蒸发量大、干旱，温差大，日照辐射强度大，持续时间长。由南部山区至北部沙漠，沿河流形成若干条带状绿洲，草场为植被稀疏、牧草种类单一的荒漠和半荒漠草原。长期生存在这样的生态环境中，使和田羊具有独特的耐干旱、耐炎热和耐低营养水平的品种特点。

2007年，和田羊存栏量240.68万只，其中能繁母羊159.12万只。

（二）外貌特征

和田羊全身被毛白色，个别羊头为黑色或有黑斑。被毛富有光泽，弯曲明显，呈毛辫状，上下披叠、层次分明，呈裙状垂于体侧达腹线以下。体质结实，结构匀称，体格较小。头较清秀、鼻梁隆起，颈细长，耳大下垂。公羊多数有螺旋形角，母羊多数无角。胸窄，肋骨开张不够。四肢细长，肢势端正，蹄质结实。短脂尾，有坎土曼尾、三角尾、萝卜尾和S尾等几种类型（图1-37、图1-38）。

图1-37　和田羊公羊

图1-38　和田羊母羊

（三）品种特性

和田羊初配年龄为1.5～2.0岁。母羊发情多集中在4—5月和11月。舍饲羊可常年发情。发情周期为17d，妊娠期为145～150d，产羔率为98.0%～103.0%。初生重，公羊为（2.4±0.6）kg，母羊为（2.4±0.5）kg。断奶重，公羊为（20.7±4.6）kg，母羊为（18.3±6.6）kg。哺乳期平均日增重，公羊为152.0g，母羊为132.0g。羔羊断奶成活率为97.0%～99.0%。周岁羊屠宰率为（48.61±0.82）%，净肉率为（40.32±0.97）%。

农区型成年公羊体重为（55.84±9.43）kg，成年母羊体重为（35.82±4.28）kg；山区型成年公羊体重为（37.87±6.81）kg，成年母羊体重为（30.77±5.00）kg。农区型和田羊1年可剪毛2次，成年公羊年剪毛量为2.24kg，成年母羊剪毛量为0.8～1.9kg。成年公羊毛辫长度为（19.68±3.54）cm、绒毛长度为（7.62±4.9）cm，成年母羊分别为（21.07±2.12）cm、（7.03±6.63）cm。成年公羊净毛率为60.24%，成年母羊净毛率为62.22%。无髓毛纤维的平均细度为22.03μm，两型毛为41.95μm，有髓毛为58.41μm（图1-39）。

图 1-39 和田羊群体

（四）利用与评价

和田羊对荒漠、半荒漠草原的生态环境及低营养水平的饲养条件具有较强的适应能力，但存在体格较小以及产毛量、产肉率和繁殖率低等缺点。和田羊被毛中两型毛含量多，纤维细长而均匀，光泽和白度好，弹性强，是生产地毯和提花毯的优质原料。今后应以本品种选育为主，调整羊群结构，完善繁育体系，改进被毛整齐度，提高繁殖性能。

（五）营养成分

12月龄和田羊通脊肉含蛋白质为 19.23g/100g，肌内脂肪为 3.80g/100g，水为 71.57%，灰分为 1.35%，钙为 0.003 8mg/100g，磷为 213.33mg/100g，铜为 0.38mg/100g，锰为 0.17mg/100g，铁为 2.93mg/100g，锌为 2.01mg/100g，维生素 A 为 0.36mg/100g。羊肉中共有挥发性物质 80 种，可识别出 49 种挥发性物质，包括酮类 8 种、醇类 18 种、醛类 14 种、酯类 1 种、酸类 3 种、醚类 1 种、萜烯类 1 种、杂环类 3 种；肌肉中必需氨基酸组成全面，含有机体所需的各种必需氨基酸，其中异亮氨酸、赖氨酸、苯丙氨酸、色氨酸和组氨酸等含量较高，尤其是组氨酸的含量最为丰富，为 1 760mg/100g；单不饱和脂肪酸含量为 27.28%，从单不饱和脂肪酸种类来说，油酸（$C_{18:1}$）含量为 8.80%，同时含有比较高的肉豆蔻油酸（$C_{14:1}$）和棕榈油酸（$C_{16:1}$），这也有可能是形成南疆羊肉良好风味品质的一个原因，多不饱和脂肪酸总体含量为 4.38%，饱和脂肪酸含量为 68.34%，硬脂酸含量为 10.60%，胆固醇含量为 9.2mg/100g，肌肉短链脂肪酸（$C_{6:0}$、$C_{8:0}$、$C_{10:0}$）含量较低，$C_{6:0}$、$C_{8:0}$、$C_{10:0}$ 之比为 0：2：3.2。

十四、滩羊

滩羊（Tan sheep）是我国特有的裘皮用地方绵羊品种，尤以生产二毛裘皮而著称。1989 年，滩羊被收录于《中国羊品种志》。我国 1980 年颁布了《滩羊》国家标准（GB/T 2033—1980），2008 年 4 月发布了修订后的《滩羊》国家标准（GB/T 2033—2008）。

2000 年，滩羊被农业部列为国家二级保护品种。

（一）原产地

滩羊原产于宁夏回族自治区贺兰山东麓的洪广营地区，分布于自治区及其与陕西、甘肃、内蒙古相毗邻的地区，宁夏中部干旱带的盐池县被确定为滩羊种质资源核心保护区。同心、红寺堡、灵武等地区为集中饲养区。产区地貌复杂，海拔一般在 1 000～2 000m。气候干旱，年降水量为 180～300mm，多集中在 7—9 月，年蒸发量为 1 600～2 400mm，为降水量的 8～10 倍。热量资源丰富，日照时间长，年日照时数为 2 180～3 390h，日照率为 50%～80%，≥10℃的年积温达 2 700～3 400℃，年平均气温为 7～8℃，夏季中午炎热，早晚凉爽，冬季较长，昼夜温差较大。土壤有灰钙土、黑炉土、栗钙土、草甸土、沼泽土、盐渍土等。土质较薄，土层干燥，有机质缺乏。但矿物质含量丰富，主要含碳酸盐、硫酸盐和氯化物，水质矿化度较高，低洼地盐碱化普遍。产区植被稀疏低矮，以耐旱的小半灌木、短花针茅、小禾草及豆科、菊科、藜科等植物为主。草产量低，但干物质含量高，蛋白质丰富，饲用价值较高。

为了发展滩羊、提高品质，20 世纪 50 年代末，在宁夏建立了选种场。1962 年，制定了发展区域规划及鉴定标准，广泛开展滩羊选育工作。1973 年，成立宁夏滩羊育种协作组。通过以上措施和科研活动，促使滩羊的数量和质量有了一定程度的提高。

据统计，2020 年滩羊存栏量为 300 万只左右。

（二）外貌特征

滩羊属名贵裘皮用地方绵羊品种。适合于干旱、荒漠化草原放牧饲养。滩羊体躯被毛为白色，纯黑者极少，头部、眼周、颊、耳、嘴端多有褐色、黑色斑块或斑点。体格中等，鼻梁稍隆起，体质结实，全身各部位结合良好，耳有大、中、小 3 种。公羊有螺旋形角，向外伸展；母羊多无角，有的有小角或仅有角痕。背腰平直，胸较深，四肢端正，蹄质坚实。尾根部宽大，尾尖细圆，呈长三角形，下垂过飞节。被毛为异质毛，呈毛辫状，毛细长而柔软，细度差异较小，头、四肢、腹下和尾部毛较体躯毛粗（图 1 - 40、图 1 - 41）。

图 1 - 40 滩羊公羊

图 1 - 41 滩羊母羊

（三）品种特性

滩羊6～8月龄性成熟，公羊初配年龄为2.5岁，母羊为1.5岁。属于季节性繁殖，母羊多在6—8月发情，发情周期17～18d，发情持续期1～2d，产后35d左右即可发情，妊娠期151～155d。受胎率平均为95.0%。放牧情况下，成年母羊1年产1胎，多为1羔。平均成活率，冬羔95%，春羔86%。舍饲后可1年2产或2年3产，产羔率为101%～103%。初生重，公羊平均为3.76kg，母羊平均为3.57kg。断奶重，公羊平均为21.21kg，母羊平均为13.32kg。哺乳期日增重，公羊平均为145g，母羊平均为81g。断奶成活率为95.0%～97.0%。

成年公羊体高为（9.18±1.25）cm，体斜长为（76.11±1.19）cm，胸围为（87.71±2.02）cm；成年母羊体高为（63.14±1.27）cm，体斜长为（67.17±2.64）cm，胸围为（72.46±1.99）cm；成年公羊体重为（43.24±7.92）kg，成年母羊体重为（32.96±2.68）kg；被毛异质，每年剪毛2次，公羊平均产毛1.6～2.0kg，母羊平均产毛1.3～1.8kg，净毛率60%以上；公羊毛股长11cm，母羊毛股长10cm，光泽度和弹性好，是制作提花毛毯的上等原料，也可用以纺织制服呢等。

滩羊为我国轻裘皮用地方绵羊品种，以产二毛皮出名。二毛皮为生后30d左右宰剥的羔皮，毛股长7cm以上，有5～7个弯和花穗，呈玉白色。皮板面积平均为2 029cm^2，鲜皮平均重为0.84kg，皮板厚度为0.5～0.9mm。鞣制好的二毛皮平均重为0.35kg，毛股结实，有美丽的花穗，毛色洁白，光泽悦目，毛皮美观，具有保暖、结实、轻便和不毡结等特点。二毛皮的毛纤维较细而柔软，有髓毛平均细度为26.6μm，无髓毛为17.4μm，有髓毛占54%，无髓毛占46%（图1-42）。

图1-42　滩羊群体

（四）利用与评价

滩羊体质结实，耐粗放管理，遗传性稳定，对产区严酷的自然条件有良好的适应性，具有一定的产肉、皮、毛能力，是优良的地方品种，但裘皮市场低迷，就产肉能力而言，滩羊个体小、繁殖率低、晚熟、日均增重小。同时，羯羊和经育肥的淘汰母羊胴体中脂肪含量偏高。滩羊今后的发展方向应为除在划定保种区积极保种外，其余滩羊用良种肉羊进行改良，提高其早熟性、繁殖率、生长速度，改善肉脂率。滩羊除活体保种外，其精液和胚胎等遗传物质已由国家家畜基因库保存。

（五）营养成分

12月龄滩羊通脊肉蛋白质含量为 22.94g/100g，嫩度剪切力为 38N，系水力为 65.88%，熟肉率为 62.76%，含水量为 70.91g/100g，脂肪为 0.79g/100g，灰分为 1.27g/100g，干物质为 29.09g/100g；滩羊羊肉含有醛类、酮类、醇类、杂环类、烷烃类等共 53 种挥发性物质，其中 77% 具有气味活性，所有物质中醛类有 20 种，在整体风味物质中的含量占比达 62%，对风味贡献最大，其特征性风味物质主要包括（E）-2-己烯醛、(E，E) -2，4-庚二烯醛、(E，E) -2，4-辛二烯醛、3-辛烯-2-酮等不饱和醛酮，4-异丙基甲苯等烷烃类，以及苯并噻唑等其他呈味物质，贡献了水果香、坚果味等气味。

十五、岷县黑裘皮羊

岷县黑裘皮羊（Minxian black fur sheep），又名黑紫羔羊、紫羊，属裘皮用绵羊地方品种，1989 年被收录于《中国羊品种志》。

（一）原产地

岷县黑裘皮羊中心产区位于甘肃省武都地区的西北部，地处洮河中、上游一带，目前主要集中在岷县的西寨、清水、十里等乡（镇）。分布于岷县洮河两岸、宕昌县、临潭县、临洮县及渭源县部分地区，是甘肃甘南高原与陇南山地接壤区。海拔一般为 2 200～3 700m，山峰在 3 000m 以上。气候高寒，年平均气温为 5.8℃，最低气温（1 月）平均为 −7.1℃，最高气温（7 月）平均为 15.9℃，无霜期为 90～120d，年降水量为 635mm，7—9 月为雨季，占全年降水量的 65% 以上，蒸发量为 1 246mm。相对湿度，夏、秋季为 73%～74%，冬、春季为 65%～68%。洮河干流在岷县境内自西向东、向北流过。南有达拉岭，北有木寒岭和岷山 3 个草山草坡地带，植被覆盖度好，是放牧的好草场。牧草以禾本科为主，还有柳丝灌木及部分森林草场。农作物有春小麦、蚕豆、青稞、燕麦和马铃薯等。经济作物主产油料和当归。

20 世纪 80 年代初，岷县黑裘皮羊群体数量为 10 万只，2007 年仅有 0.4 万只，并且品质退化，处于濒危状态。

（二）外貌特征

岷县黑裘皮羊为纯黑色，角、蹄也呈黑色。羔羊出生后被毛黝黑发亮，绝大部分个体纯黑色被毛终生不变，随着日龄的增长，极少部分羊的被毛变为黑褐色。体质偏细致，体格健壮，结构紧凑。头清秀，鼻梁隆起。公羊有角，向后向外呈螺旋状弯曲，母羊多数无角，少数有小角。颈长适中，背腰平直，尻微斜。尾较小，呈锥形（图 1-43、图 1-44）。

图1-43　岷县黑裘皮羊公羊

图1-44　岷县黑裘皮羊母羊

（三）品种特性

岷县黑裘皮羊公羊6月龄性成熟，母羊10~12月龄性成熟。母羊初配年龄为1.5岁，每年7—9月为发情旺季。发情周期为17d，发情持续期48h，妊娠期150d。1年产1胎，产双羔极少。冬羔生产，羔羊健壮，成活率高，二毛皮品质好，越冬能力强。春羔生产较差。

岷县黑裘皮羊成年公羊平均体高、体长、胸围和体重分别为（56.2±0.7）cm、（58.7±0.7）cm、（76.1±0.9）cm、（31.1±0.8）kg，成年母羊分别为（54.3±0.3）cm、（55.7±0.3）cm、（77.9±1.0）cm、（27.5±0.3）kg。岷县黑裘皮羊主要以生产黑色二毛皮闻名。此外，还产二剪皮。羔羊出生后毛被长2cm左右，呈环状或半环状弯曲，生长到2个月左右，毛的自然长度不短于7cm，这时所宰剥的毛皮称为二毛皮。典型二毛皮的特点是毛长不短于7cm，毛股明显呈花穗，尖端为环形或半环形，有3~5个弯曲。好的二毛皮的毛纤维从根到尖全黑，光泽悦目，皮板较薄。皮板面积平均为2 000cm²。二剪皮是当年生羔羊，剪过1次春毛，到第2次剪毛期（当年秋季）宰杀后所剥取的毛皮。其优点是毛股明显，从尖到根有3~4个弯曲，光泽好，皮板面积大，保暖、耐穿。其缺点是绒毛较多，毛股间易黏结，皮板较重。岷县黑裘皮羊每年剪毛2次，4月中旬剪春毛，9月剪秋毛，年平均剪毛量为0.75kg。羊毛用于制毡（图1-45）。

图1-45　岷县黑裘皮羊群体

（四） 利用与评价

岷县黑裘皮羊是我国著名的裘皮用绵羊品种，适应高寒阴湿的自然环境。目前尚未建立岷县黑裘皮羊保护区和保种场，处于农户自繁自养状态。今后应采取积极有效的措施，建立保种场，并努力扩大群体数量。在保持裘皮优良遗传特性的同时，着重提高产肉性能和繁殖力。

（五） 营养成分

12月龄岷县黑裘皮羊通脊肉蛋白含量在18%左右，水分含量为74.18%，干物质含量为25.95%，系水力为62.56%，熟肉率为60.77%，脂肪含量为3.8%。肌肉的脂肪含量与肉质的香味有关，脂肪含量相对越多，口感香味就越重，岷县黑裘皮羊的肉中脂肪含量略高，蛋白质含量略低，这可能与该羊采取自然放牧采食，未补充精饲料有关。肌肉中含有18种氨基酸，显现出较高的营养价值，天冬氨酸和谷氨酸为鲜味氨基酸，是食物中鲜味重要的来源之一，这2种氨基酸占氨基酸总量的20%左右，表明岷县黑裘皮羊肉是一种口感鲜美的滋补食品。

十六、贵德黑裘皮羊

贵德黑裘皮羊（Guide black fur sheep），也称"贵德黑紫羔羊"或"青海黑藏羊"，属裘皮用地方绵羊品种，以生产黑色二毛裘皮著称。1989年，贵德黑裘皮羊被收录于《中国羊品种志》。

（一） 原产地

贵德黑裘皮羊主要分布在青海省海南州的贵南、贵德、同德、同仁等县。主要集中在贵南县贵德黑裘皮羊保种场及其附近的森多、茫拉等地。中心产区贵南县位于北纬35°09′—36°08′、东经100°13′—101°33′，地处青藏高原东北部、祁连山至昆仑山的过渡地带、西倾山和黄河之间，海拔2 222~5 011m，属于高原大陆性气候，年平均气温2.0℃，无霜期75d。年降水量399mm，年蒸发量1 558mm，相对湿度44%。年日照时数2 638~2 885h。

（二） 外貌特征

贵德黑裘皮羊属草地型西藏羊类型，被毛为黑色，部分为黑微红色，个别呈灰色。黑微红色占18.18%，黑红色占46.59%，灰色占35.23%。羔羊大多数毛穗根部呈微红色，尖部为纯黑色，故称黑紫羊。2月龄毛色逐渐变为黑微红色。全身覆盖辫状粗毛，毛辫长过腹线，颈下缘及腹部着生的毛稀而短。体质细致，结构紧凑，体格较大。头清秀，呈长三角形，鼻梁隆起，耳中等大小，稍下垂。公、母羊均有角，公羊角向后向外扭转伸展，母羊有小角。颈长适中，背平直，体躯呈长方形，尾小呈锥形。四肢健壮，体质结实（图1-46、图1-47）。

图 1 - 46　贵德黑裘皮羊公羊

图 1 - 47　贵德黑裘皮羊母羊

（三）品种特性

贵德黑裘皮羊 6～10 月龄性成熟，初配年龄为 1.5 岁。母羊 7—10 月发情，发情周期 22d，妊娠期 150d。双羔极少，平均产羔率为 101.0%。初生重，公羊平均为 2.9kg，母羊平均为 2.9kg。4 月龄断奶重，公羊平均为 13.0kg，母羊平均为 10.4kg。羔羊断奶成活率 90.0% 左右。

贵德黑裘皮羊成年公羊平均体高、体长、胸围和体重分别为 75.0cm、75.5cm、87.0cm、56kg，成年母羊分别为 70.0cm、72.0cm、84.0cm、43.0kg。成年公羊剪毛量平均为 1.8kg，成年母羊平均为 1.6kg，净毛率平均为 70%。屠宰率 43%～46%。

贵德黑裘皮羊羔羊皮，主要是指出生后 1 个月左右羔羊所产的二毛皮。其特点是，毛股长 4～7cm，每厘米平均有 1.73 个弯曲，分布于毛股上 1/4～1/3 处。毛色黑红，色泽光亮，图案美观，皮板致密，保暖性强，干皮面积为 1 765cm² （图 1 - 48）。

图 1 - 48　贵德黑裘皮羊群体

（四）利用与评价

1950 年，青海省建了贵德黑裘皮羊选育场。1958 年，群体数量达到 20 万只。到 1983 年，因裘皮市场疲软，经济效益下降，加之牲畜承包到户，牧民为了追求经济效益，饲养改良羊、藏羊与贵德黑裘皮羊混群放牧，导致血统混杂。1999 年年底，虽保留有 5 805只贵德黑裘皮羊，但品质严重退化。2002 年，青海省制定了《贵德黑裘皮羊保种方案》。青海省贵德县黑羊场 2008 年被列为国家级畜禽遗传资源保种场。近年来，通过建立育种核心群，完善品种登记制度，加强了选育和保种工作。

（五）营养成分

暂无。

十七、叶城羊

叶城羊（Yecheng sheep）属于地毯毛型绵羊地方遗传资源。

（一）原产地

叶城羊是分布于新疆叶城的一个地方绵羊品种，是在产区特殊的生态环境和长期的人工选育中形成的。叶城县位于北纬 35°28′—38°34′，东经 76°08′—78°31′，地处新疆西南部、喀喇昆仑山北麓。地势南高北低，形成带状绿洲，呈新月形，海拔 1 200～7 464m，属于温带大陆性干旱气候。年平均气温 11.4℃。年降水量 54～500mm，年日照时数 2 746～2 833h。

（二）外貌特征

该品种羊体质结实，头清秀、略长，鼻梁隆起，耳长下垂（有小耳）。公羊多数有螺旋形角，少数无角，母羊多数无角，少数有小弯角。胸较窄而浅，背腰平直，十字部略高于肩胛部，四肢端正，蹄质致密。短脂尾，尾形有下歪、上翘、直尾尖、无尾尖 4 种类型。被毛全白或头肢杂毛（头部不超过耳根，肢部不超过腕关节和飞节），被毛有光泽，并且有丝光感，呈毛辫结构。毛辫细长，具有明显的波状弯曲。毛丛层次分明，似排须垂于体侧，达腹线以下。头部四肢为短刺毛（图 1-49、图 1-50）。

图 1-49　叶城羊公羊　　　　　　　　　　图 1-50　叶城羊母羊

（三）品种特性

叶城羊成年公羊平均体高 78.98cm、平均体重 63.78kg；成年母羊分别为 81.09cm、58.03kg。成年公羊年产毛量 1.85～2.35kg，春毛毛丛长度 27～33cm，净毛率平均 70%；成年母羊分别为 1.4～1.65kg、26～31cm 和 79%。草场好的年份，1 年可剪毛 2 次。羊毛光泽度好，弹性强，是织造地毯的好原料，成年羊育肥屠宰率可达 48.5%，净肉率 37%～40%。肉质鲜美，蛋白质含量高。叶城羊母羊全年发情，在正常饲养条件下，双羔率为 8%～10%（图 1-51）。

图 1-51　叶城羊群体

（四）利用与评价

叶城羊对干旱地区的自然生态条件具有较强的适应性，耐粗饲，易放牧，抗病力强。今后应加强本品种选育，在保持和巩固优良特性的前提下，不断提高其产肉性能和繁殖力。近 30 年来，新疆叶城县对叶城羊一直坚持以本品种选育为主，1984 年制定了叶城羊品种标准和鉴定分级标准，并在中心产区每年按照品种标准鉴定羊群，淘汰不良个体，不断提高群体质量。近年来，叶城县将乌夏巴什、宗朗、柯克亚、西合休 4 个乡（镇）划定为保护区，并在县普萨牧场建立了叶城羊繁育基地，进行了本品种选育，并进行活体保种。

（五）营养成分

12 月龄叶城羊肌肉蛋白质含量平均为 20.56g/100g，眼肌面积平均为 16.67cm^2，嫩度剪切力平均为 24.77N，脂肪含量平均为 4.50g/100g。该肉肉质细腻，蛋白质含量高，脂肪含量相对较高，纤维较细，有较好的系水力，铁和钙含量较高，分别为 16.32mg/kg、90.90mg/kg，氨基酸总含量为 20.18g/100g，必需氨基酸含量占总氨基酸的 40.56%。

十八、多浪羊

多浪羊（Duolang sheep），又名麦盖提大尾羊，属于肉脂兼用粗毛型地方绵羊品种。

（一）原产地

多浪羊分布于新疆塔克拉玛干大沙漠的西南边缘，叶尔羌河流域的麦盖提、巴楚、岳普湖、莎车等县和新疆生产建设兵团第三师的43团、45团、46团，以及岳普湖县的部分乡（镇），在阿克苏、和田、昌吉等地区也有少量分布，是一个优良的肉脂兼用绵羊品种。麦盖提县位于北纬38°25′—39°22′、东经77°28′—79°05′，海拔1 155～1 195m，年平均气温22.4℃，年平均降水量39mm，年平均蒸发量2 553mm。年平均日照时数2 806h以上。因其中心产区在麦盖提县，所以又称麦盖提羊。多浪羊是用阿富汗的瓦尔吉尔肥尾羊与当地土种羊杂交，经过70多年的选育而成的。据统计，2007年年底，全区存栏量251.88万只，其中可繁母羊188.09万只。

（二）外貌特征

多浪羊被毛以灰白色为主，头与四肢为深灰色，颈为黄褐色。羔羊出生后被毛为棕褐色，断奶后被毛逐渐变为灰白色，但头、耳、四肢仍保留原有毛色。体质结实，体格大，结构匀称，前后躯较丰满，肌肉发育良好。头中等长，鼻梁隆起明显，嘴大、口裂深，耳长而宽、下垂。公羊绝大多数无角或有小角，母羊无角。尾形有W形和U（坎土曼）形。颈细长，肩宽，胸宽而深，肋骨拱圆，背腰平直而长，十字部稍高，后躯肌肉发达，四肢端正而较高，蹄质结实。母羊乳房发育良好。体躯被毛为灰白色或浅褐色（头和四肢的颜色较深，为浅褐色或褐色）。绒毛多、毛质好。绝大多数羊的毛为半粗毛，而少部分羊的毛偏细，匀度较好，没有干、死毛。但有些羊毛中含有褐色或黑色的有色毛，部分毛束形成小环状毛辫（图1-52、图1-53）。

图1-52 多浪羊公羊

图1-53 多浪羊母羊

（三） 品种特性

多浪羊 6 月龄性成熟，初配年龄为 1.5 岁。母羊四季均发情，以 4—5 月和 9—11 月发情较多，发情周期平均为 18d，发情持续期 24～48h，妊娠期平均为 150d，1 岁母羊大多数已产羔，产羔率 113％～130％。农区母羊多数可 2 年产 3 胎或 1 年产 2 胎，有 1 胎产 3 羔、4 羔的，1 只母羊一生可产羔 15 只，小群产羔率可达 250.0％，繁殖成活率在 150％左右。初生重，公羊平均为 4.2kg，母羊平均为 4.4kg。断奶重，公羊平均为 26.7kg，母羊平均为 26.9kg。110 日龄断奶，哺乳期平均日增重，公羊 205.0g，母羊 204.0g。羔羊断奶成活率平均为 90.0％。周岁体重，公羊平均为 59.2kg，母羊平均为 43.6kg；成年体重，公羊平均为 98.4kg，母羊平均为 68.3kg。屠宰率，成年公羊平均为 59.8％，成年母羊平均为 55.2％。成年公羊产毛量为 3.0～3.5kg，成年母羊为 2.0～2.5kg。多浪羊有较高的繁殖能力。根据体型、毛色和毛质的情况，多浪羊现有两种类群，一种体质较细，体躯较长，尾形为 W 形，不下垂或稍微下垂，毛色为灰白色或灰褐色，毛质较好，绒毛较多，羊毛基本上是半粗毛。这种羊的数量较多，农牧民较喜欢；另一种体质粗糙，体躯较短，尾大而下垂，毛色为浅褐色或褐色，毛质较粗，有少量的干、死毛，这种羊数量较少（图 1-54）。

图 1-54　多浪羊群体

（四） 利用与评价

多浪羊生长发育快，早熟，体形硕大，肉用性能好，母羊四季均发情，繁殖性能好。但与一些肉用绵羊品种相比，多浪羊还有许多不足之处。如四肢过高，颈长而细，肋骨开张不够理想，前胸和后腿欠丰满，有的个体出现凹背、弓腰或尾脂过多。另外，该品种毛色不一致、毛被中含有干、死毛等。今后应加强本品种选育，必要时可导入外血，使其向肉羊品种方向发展。麦盖提种羊场 2008 年被列为国家级畜禽遗传资源保种场，实行保种场活体保种。

（五）营养成分

12月龄多浪羊肌肉蛋白质含量平均为22.25g/100g，嫩度剪切力平均为27N，脂肪含量平均为8.04g/100g，铁和钙平均含量分别为17.67mg/kg、76.71mg/kg，氨基酸总含量平均为19.66g/100g，必需氨基酸含量占总氨基酸的40.36%；共检测出挥发性物质98种，定性分析可识别出40种挥发性物质，包括酮类6种、醇类11种、醛类13种、醚类1种、酯类4种、酸类2种、萜烯类1种、杂环类2种；主要特征物质包括乙酸乙酯、壬酮、辛酮、乙酸异戊酯、2-庚酮、正壬醛、2-乙基-1-己醇、戊醛、1-丁醇、3-甲硫基丙醛、苯甲醛、3-甲硫基丙醛、戊酸、3-甲基戊酸、2-丙醇、5-甲基-2-呋喃甲醇等27种。

十九、洼地绵羊

洼地绵羊（Wadi sheep）又称鲁北绵羊，属于肉毛兼用型绵羊地方品种。自20世纪90年代以来，山东省相继开展了有关洼地绵羊品种特征、品种保护工作。

（一）原产地

洼地绵羊又称鲁北绵羊，主要分布于山东省德州和滨州等市。洼地绵羊的饲养历史悠久，据《滨州志》记载，1308—1311年，元代统治者曾在滨州一带"兴牧场，废农田"，建屯田制，引来了大批蒙古羊。元灭明兴后，"鼓励垦荒、奖励农桑"，从河北省枣强县、山西省洪洞县向滨州大量移民，移民把来自中亚、近东地区的大脂尾羊种带到此地。不同时期、不同来源的羊种，在黄河泛滥的盐碱沼泽地区共同生存，相互杂交，繁育后代。经过当地群众400多年的精心选育和自然选择，逐渐形成了现在这样一个独具特色的品种类群。

洼地绵羊是生长在鲁北平原，黄河三角洲地域的地方绵羊品种，年平均气温12.1～13.1℃，无霜期185～194d，年日照时数2 609.4～2 716.1 h，年降水量550～650mm。土地大部分属于黄河冲积平原，且海拔在20m以下，土壤以壤土、黏土和沙土为主。主要农作物有小麦、棉花、玉米和大豆等。

（二）外貌特征

洼地绵羊中公、母羊均无角，个别羊只有栗状角痕。鼻梁微隆起，耳稍下垂。前胸稍窄，胸较深，背腰平直，肋骨开张良好，呈长方形，体躯略显前低后高，四肢较矮，中等脂尾，长不过飞节，都有尾沟和尾尖，尾尖上翻，紧贴尾沟中。全身被毛白色，少数羊头部有褐色或黑色斑点（图1-55、图1-56）。

（三）品种特性

6月龄体重，公羊平均为26kg，母羊平均为24kg；成年体重，公羊平均为60kg，母羊平均为40kg。被毛由无髓毛、两型毛、有髓毛，以及干、死毛组成。产毛量为1.5～

图 1-55 洼地绵羊公羊

图 1-56 洼地绵羊母羊

2.0kg，春毛长 7～9cm，净毛率 51％～55％。屠宰率为 50％左右。羊肉口感、风味好，肉嫩、不油腻。产羔率平均为 215％。羔皮、裘皮、板皮质量高，是优质的服装原料（图 1-57）。

图 1-57 洼地绵羊群体

（四）利用与评价

洼地绵羊低身广躯，头上没有角，性格温驯，适合密集型饲养。蹄坚硬，适宜在盐碱潮湿地饲养，抗腐蹄病的能力强。尾脂厚，适宜季节性放牧，耐粗饲，适应性强。山东、辽宁、内蒙古、青海等十几个省份引种饲养后，普遍反映良好，市场前景广阔。

（五）营养成分

12 月龄洼地绵羊背通脊蛋白质含量平均为 19.39g/100g，嫩度剪切力平均为 70.02N，脂肪含量平均为 2.18g/100g，肉色粉红，pH 为 5.76，失水率平均 7.09％，熟肉率平均 71.49％，水分含量平均为 75.59％，灰分含量平均为 4.63％，脂肪酸含量平均为 4.77g/100g，其中饱和脂肪酸平均为 3.83g/100g，不饱和脂肪酸平均为 0.93g/100g。

二十、巴什拜羊

巴什拜羊（Bashibai sheep），原名巴什巴依羊，是新疆塔城地区一个肉脂兼用粗毛型地方绵羊品种。1978 年，新疆提出巴什拜羊品种保护方案，并在裕民种羊场组建核心群和建立品种登记制度。1989 年，由新疆维吾尔自治区正式命名，列入地方品种名录，并制定了自治区地方标准（BI 165001 B43002—89），2019 年 10 月 1 日正式制定了《巴什拜羊》国家标准（GB/T 37313—2019）。

（一）原产地

1919 年，牧民巴什拜从苏联迁居裕民县时带来 500 多只羊，后又购入本地哈萨克母羊，与带来的公羊杂交，扩大羊群。现主要分布于裕民、托里、额敏、塔城等地。博尔塔拉、伊犁、昌吉、乌鲁木齐、哈密等地也有少量分布。到 1949 年，通过杂交选育，培育出遗传性较强的羊 1.5 万余只，群众称为白鼻梁红羊，这就是著名的巴什拜羊。

（二）外貌特征

巴什拜羊被毛以棕红色为主，褐色、白色次之。头颈、鼻梁白色。体质结实，头中等大小，耳长稍隆起，公羊大都有螺旋形角，母羊多数无角。颈中等长，胸宽而深，体躯呈长方形，后躯丰满，肌肉发达。四肢端正，蹄质结实，肢势端正。鬐甲和十字部平宽，背平直。肌肉发育良好，股部肌肉丰满，沉积在尾根周围的脂肪呈方圆形，下缘中部有一浅纵沟，将其分为对称的两半，外面覆盖着短而密的毛，内侧无毛。母羊的乳房发育良好（图 1-58、图 1-59）。

图 1-58　巴什拜羊公羊

图 1-59　巴什拜羊母羊

（三）品种特性

巴什拜羊性成熟年龄为 5～6 月龄，公、母羊初配年龄为 18 月龄，一般利用年限为 5 年。配种方式主要为人工授精。发情期主要集中在 11 月，发情周期平均 18d。一般在 11

月上旬配种，翌年 4 月产羔。妊娠期平均为 150.6d。产羔率平均为 103%。初生重为 4.60～4.7kg，断奶体重可达 33.65～41.91kg，哺乳期日增重达 250～344g。羔羊成活率（断奶后）平均为 98%。成年公羊体高平均为 78.4cm，体长平均为 91.6cm，胸围平均为 112.6cm，管围平均为 9.6cm；成年母羊体高平均为 73.8cm，体长平均为 87.8cm，胸围平均为 104.5cm，管围平均为 9.1cm。

巴什拜羔羊从出生到 120 日龄的哺乳期间，公羔平均日增重为 275～344g，母羔平均日增重为 250～338g。巴什拜羊是塔城地区优良地方品种，属脂臀型粗毛绵羊品种，具有适应性强、抗病力强、产肉性能好（4～5 月龄羔羊胴体重可以达 18kg，屠宰率高达 56%，骨肉比可达 1∶4）等优点。

产毛量大于其他粗毛羊品种。每年春、秋各剪一次毛。绒毛含量大，有髓毛较细，含少量干、死毛，被毛光泽好。成年公羊年产毛量为 1.63～1.89kg，成年母羊年产毛量为 1.23～1.27kg（图 1 - 60）。

图 1 - 60　巴什拜羊群体

（四）利用与评价

巴什拜羊具有早熟、生长发育快、耐寒、耐粗饲、体质结实、抗病力强、毛质好等优点，选育时间长，经济性状遗传稳定。今后应根据市场需求加强本品种选育，进一步缩小脂臀，重点提高产肉性能和繁殖性能，向羔羊肉生产方向发展。1949 年以后，巴什拜羊无论在数量上还是质量上都有很大的提高。从 20 世纪 60 年代开始，塔城地区开始重视细毛羊的改良，又因适应性的问题中断，所以现阶段的巴什拜羊有一部分个体有细毛化趋势，但因种种原因忽视了对巴什拜羊的选育提高。1976 年，开始在裕民县种羊场建立巴什拜羊核心群，巴什拜羊的养殖数量逐年提升。1982 年，该场对羊群进行了全面鉴定整群，有纯种巴什拜羊 6 400 余只，塔城地区共有 2 万余只。到 2008 年，巴什拜羊存栏量达到 30 多万只，年出栏量近 16 万只。

（五）营养成分

12 月龄巴什拜羊通脊肉蛋白质含量平均为 24.79g/100g，含水量平均为 73.47g/

100g，脂肪含量平均为 1.45g/100g，系水力平均为 86.68％，灰分含量平均为 1.97g/100g，pH 平均为 5.72，嫩度剪切力平均为 7.29kgf/cm²，解冻滴水损失率平均为 7.49％，熟肉率平均为 71.76％，总胶原蛋白含量平均为 1.70％，不溶性胶原蛋白含量平均为 1.24％，胶原蛋白溶解度平均为 22.03％，结缔组织滤渣含量平均为 10.08％；挥发性物质 75 种，定性分析可识别出 34 种挥发性物质，包括酮类 4 种、醇类 8 种、醛类 10 种、酯类 3 种、酸类 2 种、醚类 2 种及杂环类 5 种；主要特征物质包括二乙二醇、二甲醚、壬醇、辛酸、1-辛烯-3-醇、丙酸乙酯、乙酸乙酯、正丁醛、乙酰苯、正辛醇、3-甲基戊醇、3-甲基丁醛、2-乙基呋喃及乙醛等 14 种。

二十一、塔什库尔干羊

塔什库尔干羊（Tashkurgan sheep），又名当巴什羊，属于肉脂兼用粗毛型地方绵羊品种。

（一）原产地

塔什库尔干羊中心产区在新疆塔什库尔干塔吉克自治县的当巴什地区，主要分布于帕米尔高原东部山区和塔什库尔干县的达布达尔乡、麻扎种羊场、牧林场、塔什库尔干乡、提孜那甫乡、塔合曼乡、瓦恰乡、马尔洋乡，是新疆肉脂兼用地方良种羊之一。

帕米尔高原的东坡，境内平均海拔 3 000～5 000m，海拔在 5 500m 以上的地域终年积雪和被冰川覆盖。年平均温度为 3.1℃，降水量 68.0mm，以西南山区和东南山区（即当巴什地区）降水量最大。6 月、7 月、8 月天气变化剧烈，阴晴无常，雨雪交加，常有冰雹出现。无霜期 71.3d，绝对最高气温 28.8℃，绝对最低气温－29.4℃。风多集中于3—5 月。日照时间 2 830.1h。

塔什库尔干羊的形成与帕米尔高原的生态条件有密切关系，同时塔什库尔干县在我国最西部，位于帕米尔高原上，与巴基斯坦、阿富汗和俄罗斯 3 个国家相邻。因此，塔什库尔干羊很可能受外种（包括阿富汗肥尾羊和吉萨尔大尾羊）的影响。品种类型及特性上也有一定差异，如产区塔什库尔干县当巴什地区的羊很少有角，阿克陶县苏巴什地区的羊则大都有角，木吉一带羊群繁殖率较高。

（二）外貌特征

塔什库尔干羊被毛多为褐色、黑色、白色，杂色较少。其中，褐色 51.4％、黑色20.7％、杂色 19.8％、白色 8.1％。被毛异质，干、死毛较多。体质结实，体格较大。头大小适中，鼻梁隆起，耳适中、下垂，但小耳羊也占相当数量，部分羊耳上有一小瘤。公、母羊大部分无角，约有 5％的公羊具有向后弯曲的短角，少数母羊留有退化的小角。颈长度适中，胸宽深，肋骨拱圆，背腰平直而宽，后躯发育良好。四肢结实，肢势端正。脂尾呈圆形，大而不下垂，尾端着生刺毛，内侧无毛，下缘中央有一浅纵沟将其分成对称的两半，恰使肛门外露，部分羊纵沟上端有一小肉瘤。母羊乳房发育良好（图 1-61、图 1-62）。

图 1-61 塔什库尔干羊公羊

图 1-62 塔什库尔干羊母羊

（三）品种特性

塔什库尔干羊 6～9 月龄性成熟。初配年龄，公羊 20 月龄、母羊 18 月龄。母羊多秋季发情，发情周期平均为 17d，妊娠期平均为 150d，年平均产羔率 105%。初产母羊所生单胎公羔初生重平均为 3.64kg，单胎母羔初生重平均为 3.37kg。经产成年母羊所生单胎公羔初生重平均为 4.08kg，单胎母羔初生重平均为 3.67kg。成年公羊平均产毛量为 1.5kg，一岁半公羊为 0.75kg，成年母羊为 1.12kg，一岁半母羊为 0.62kg。羊毛品质有 2 个类型，一类为粗毛型，毛被中死毛较多，绒毛较少；另一类近似半粗毛型，两型毛和无髓毛的比重大。毛股长 11～15cm，绒毛长 7～10cm。产肉性能良好，成年母羊胴体重平均为 25.6kg，屠宰率平均为 49.4%；8 月龄公羔胴体重平均为 15.0kg，屠宰率平均为 46.6%。尾脂重占胴体重的 12%～15%（图 1-63）。

图 1-63 塔什库尔干羊群体

（四）利用与评价

塔什库尔干羊是有别于其他大尾羊的高山放牧品种，对帕米尔高原高海拔地区的条件有良好的适应能力，具有体大、早熟、增重快、抗病力强、耐粗放饲养等优点，是新疆肉脂兼用地方良种羊之一。缺点是产毛量和繁殖性能一般，体型深度不足。近期内须在逐步扩大分布区域、发展数量的同时，进行本品种选育，逐步改进品种类型，注意体型的宽深度及脂尾的发育程度，重视被毛质量，提高羊的早熟性能，以期培育出优质的塔什库尔干羊新类群。所以，应该制订优质种羊的选育和推广计划，逐步使该品种向标准化方向发展。

（五）营养成分

12月龄塔什库尔干羊肌肉蛋白质含量平均为19.73g/100g，嫩度剪切力平均为36.58N，脂肪含量平均为5.51g/100g，铁和钙的含量分别为21.72mg/kg、80.52mg/kg，氨基酸总含量平均为19.77g/100g，必需氨基酸含量占总氨基酸的40.50%，有乙酸乙酯、正丁醛、3-甲基丁醛等主要特征风味物质。

二十二、柯尔克孜羊

柯尔克孜羊（Kirghiz sheep），又名苏巴什羊，属肉脂兼用粗毛型地方绵羊品种。20世纪70年代，柯尔克孜羊已处于濒危状态，1974年重新恢复了克孜勒苏柯尔克孜自治州种羊场；90年代以后以乌恰县为重点开展等级鉴定、品种登记、选种选配和建立档案等工作。柯尔克孜羊是新疆绵羊品种中较古老的品种之一。

（一）原产地

柯尔克孜羊中心产区位于新疆克孜勒苏柯尔克孜自治州的乌恰县和阿图什市牧区。主要分布在克孜勒苏柯尔克孜自治州阿图什、乌恰、阿合奇等县、市及其周边地区。品种的形成尚无确切史料可查。

产区位于北纬37°41′—41°29′、东经74°26′—78°59′，地处山南坡和塔里木盆地西缘，地形复杂，海拔1 197~6 522m，属温带大陆性气候，气候变化剧烈，温差大，年平均气温3.7~12.9℃，地势由东南向西北呈梯状上升。平原地区日照充足，四季分明，干旱少雨，无霜期100~213d，年平均降水量62~300mm。草场广阔，牧草资源丰富，种类繁多。

（二）外貌特征

柯尔克孜羊毛色以棕红色为主，约占61%，黑色占33%，其余为白色或杂色。体质结实，结构匀称。头大小中等，鼻梁稍隆起，耳朵下垂。特征与哈萨克羊相近，但体型小于哈萨克羊而与蒙古羊相近。公羊有角或无角，角形开张向两侧弯曲。母羊有小角或无角。背腰平直，肋骨较拱圆，后躯发育良好，尻长平而宽，体躯呈长方形。四肢高而细长，骨骼粗壮，蹄质坚实，尾形不一。被毛异质、短而粗，鬐甲、肩、大腿局部有长毛（图1-64、图1-65）。

图 1-64　柯尔克孜羊公羊

图 1-65　柯尔克孜羊母羊

（三）品种特性

柯尔克孜母羊 7～9 月龄性成熟，初配年龄为 18 月龄，每年 9—11 月为配种期，发情周期平均为 18.5d，发情持续期 12～24h，妊娠期（149±9）d。繁殖仍以自然交配为主，公、母羊混群放牧，一般 1 只公羊交配 25～30 只母羊。繁殖率为 80%～108%。初生重，公羊（3.9±0.4）kg，母羊（3.4±0.4）kg。断奶重，公羊（20.0±1.9）kg；母羊（16.8±1.9）kg。成年公羊体重为 40～60kg，母羊平均为 35kg。剪毛量，公羊为 1.5～2.0kg，母羊为 1.0～1.5kg。屠宰率为 50% 左右。尾重一般为 2.0kg（图 1-66）。

图 1-66　柯尔克孜羊群体

（四）利用与评价

由于在体型发育上具有匀称、紧凑、四肢高长的特点，使得柯尔克孜羊对天山南坡坡度较大的放牧地段有着很强的适应性和放牧能力，从而成为该品种绵羊特有的典型生态特征。

（五） 营养成分

12 月龄柯尔克孜羊通脊肉蛋白质含量平均为 17.14g/100g，嫩度剪切力平均为 24.77N，脂肪含量平均为 6.40g/100g，水分含量平均为 73.1%，钙含量平均为 17.88mg/100g，磷含量平均为 298.35mg/100g，铁含量平均为 19.67mg/100g，铜含量平均为 1.64mg/100g，锰含量平均为 0.44mg/100g，胆固醇含量平均为 1.58mg/100g，人体所需要的 8 种必需氨基酸含量丰富，可给人们提供均衡的氨基酸，尤其是谷氨酸含量高达 17.3%，而谷氨酸可增加羊肉的鲜味和香味，所以柯尔克孜羊肉鲜味美，适口性特别好。脂肪酸是脂肪的主要组成部分，柯尔克孜羊肉棕榈酸（$C_{16:1}$）和硬脂酸饱和脂肪酸（$C_{18:0}$）含量占脂肪酸总量的 10.15%，亚油酸（$C_{18:2}$）含量平均为 1.02%，低于普通羊肉中同类脂肪酸 2.5%，油酸（$C_{18:1}$）含量平均为 21.39%，高于普通羊肉中同类脂肪酸。含饱和脂肪酸多则熔点和凝固点高，脂肪组织比较硬、坚实；含不饱和脂肪酸多则熔点和凝固点低，脂肪组织比较软。脂肪酸中软脂酸含量较高，可增加羊肉的香味，致羊肉膻味的主要化学成分为 C_6、C_8、C_{10} 低级挥发性脂肪酸，其中 C_{10} 成分对羊肉膻味起主要影响作用，其含量与膻味的强度呈一定规律性变化，柯尔克孜羊肉 C_6、C_8、C_{10} 三者之间的比例为 0∶1∶3 左右。C_{10} 含量较少，证明柯尔克孜羊肉膻味不明显，口感比较好，食用价值较高。

二十三、策勒黑羊

策勒黑羊（Qira black sheep）属羔皮型绵羊地方品种。策勒黑羊的来源无文字记载。据调查，早在 19 世纪末，由商贾等从外地带回库车黑皮羊及其他黑色羔皮羊，与当地母羊杂交，牧民选择双羔、体大、健壮，毛卷多而紧密、花纹清晰、光泽度好的羊作为种用。经过长期精心培育，形成遗传性能稳定、繁殖力较高、适应干旱荒漠生态环境的地方优良羔皮型绵羊品种。

（一） 原产地

策勒黑羊中心产区是新疆策勒县托万加依村、吾格日克村等地区。主要产区在新疆和田地区策勒县的策勒、固拉合玛、达玛沟 3 个乡镇。产区地处新疆西南部、昆仑山北麓、塔克拉玛干沙漠南缘，地势南高北低，海拔 1 336m。属于温热极端干旱气候，年平均气温 13.4℃，最高气温 40.8℃，日温差 14.7℃，无霜期 222d，年降水量 29mm，降水多集中在 4—7 月，年蒸发量 2 553mm，相对湿度 43.0%。年平均日照时数 2 695h。粮食作物主要有小麦、玉米、棉花、大麦和豆类。

（二） 外貌特征

策勒黑羊被毛为黑色或黑褐色。羔羊出生时体躯被毛毛卷紧密、花纹美丽、呈墨黑色。随着年龄的增长，除头、四肢外，毛色逐渐变浅，毛卷变直，形成波浪状花穗，成年后被毛呈毛辫状。被毛异质，有髓毛比例大，干毛较多。头较窄长，鼻梁隆起，耳较大，半下垂。公羊多数有大螺旋形角，角尖向上向外伸出，母羊多无角或有不发达的小角。胸部较窄，背腰平直，较短，十字部较宽平，四肢端正结实。骨骼发育良好，体高大于体长。为短瘦尾，呈锥形下垂（图1-67、图1-68）。

图1-67 策勒黑羊公羊　　　　　　　　图1-68 策勒黑羊母羊

（三）品种特性

全年发情和繁殖率高是策勒黑羊的突出品种特征。性成熟为6～8月龄，正常配种年龄为1.5～2岁。母羊可全年发情，但以4—5月和11月发情较多，发情周期17d，妊娠期148～149d，母羊2年产3胎的较多，一生可产羔8胎次，有密集产羔特征。产区多实行1年2胎或2年3胎，3～4岁母羊1胎产2～3羔者甚多，产单羔的平均占15.46%，产双羔的平均占61.86%，产3羔的平均占15.46%，产4羔以上的占7.22%，最多为1胎7羔，平均产羔率为215.46%。初生重，单胎，公羔平均为3.2kg，母羔平均为2.9kg；双胎，公羔平均为3.1kg，母羔平均为2.7kg。羔羊断奶成活率平均为90.0%。

剪毛量，成年公羊平均为1.72kg，成年母羊平均为1.46kg，周岁公、母羊平均剪毛量分别为1.43kg和1.38kg。春季剪毛后成年公羊体重平均为40.1kg，成年母羊体重平均为34.53kg，周岁公、母羊平均体重分别为27.38kg和25.20kg。策勒黑羊羔皮毛卷明显、紧密，以螺旋形花卷为主，环形及豌豆形花卷较少。用途不同，宰杀羔羊的时间也不相同。供女帽装饰用的羔皮，多在羔羊出生后2～3d宰杀剥取；供男帽及皮领用的羔皮，多在羔羊出生后10～15d宰杀剥取；做皮大衣的二毛皮，多在羔羊45d左右剥取。随着羊年龄的增长，毛卷逐渐变直，形成波浪状毛穗，成年后波浪消失，形成一般毛辫。策勒黑羊出生1～15d内的生干皮板面积约为1 115cm²，生湿皮板面积为1 153.9cm²（图1-69）。

（四）利用与评价

在20世纪60年代，进行了策勒黑羊品种资源调查，随后开展了本品种选育。后由于羔皮市场疲软，导致羊及其产品数量减少，品质有所下降。2004年，再次进行策勒黑羊品种现状调查，并建立品种登记制度，现以活体方式保种。

图 1-69　策勒黑羊群体

（五）营养成分

暂无。

二十四、豫西脂尾羊

豫西脂尾羊（Yuxi fat-tail sheep）为蒙系绵羊，属肉皮兼用型绵羊地方品种。1985年，被列入《河南省地方优良畜禽品种志》。

（一）原产地

豫西脂尾羊中心产区位于河南省西部三门峡市的渑池县、陕州区、灵宝市、卢氏县、义马市、湖滨区6个县（市）、区的63个乡镇，在洛阳市、平顶山市及南阳市也有分布。豫西脂尾羊源于中亚和远东地区，经过豫西人民长期驯化选育而成，是河南省优良的地方品种。中心产区地处河南省西部，位于豫、秦、晋三省交界处。产区属暖温带大陆性季风气候，气候温和，四季分明。年平均气温13.2℃，无霜期184～218d。年降水量550～880mm，年蒸发量平均为1 537mm，相对湿度60%～70%。年平均日照时数2 354h。冬季多西北风，年平均风速为6.7m/s。

农作物以小麦、玉米、豆类、薯类、谷子为主。人工牧草种类繁多，常见的有紫花苜蓿、白三叶、红三叶、串叶松香草、冬牧70、籽粒苋、鲁梅克斯、墨西哥玉米等高产品种，为豫西脂尾羊提供了丰富的饲料来源。

（二）外貌特征

豫西脂尾羊被毛以白色为主，少数羊的脸、耳有黑斑。体格中等，体质结实。头中等大小，鼻梁稍隆起，额宽平，耳大下垂。成年公羊多有螺旋形角，母羊多无角。颈肩结合较好。体躯长而深，胸部宽深，肋骨开张较好，腹大而圆，背腰平直，尻宽略斜。四肢短而健壮，蹄质坚实，呈蜡黄色。为短脂尾，成年公羊脂尾大，近似方形，母羊尾为方圆形，尾尖紧贴尾沟，将尾分为两瓣，于飞节以上（图1-70、图1-71）。

图1-70　豫西脂尾羊公羊

图1-71　豫西脂尾羊母羊

（三）品种特性

豫西脂尾羊5～7月龄性成熟。初配年龄，公羊12～18月龄，母羊8～10月龄。母羊发情多集中在3—4月和10—11月，发情周期18～20d，妊娠期平均为150d。多2年产3胎，年平均产羔率106%，羔羊断奶成活率平均为98%。初生重，公羊平均为2.5kg，母羊平均为2.5kg。胴体丰满，肉质细嫩，脂肪分布均匀。周岁体重，公羊为（50.5±12.52）kg，母羊为（48.5±10.29）kg；成年公羊体重为（67.5±13.5）kg，母羊为（40±4.49）kg。1岁以上的屠宰率平均为50.5%，净肉率平均为41.1%。一年剪毛2～3次，一般在5月上中旬和9月中下旬进行。每只公羊年产毛量平均为2.6kg，母羊年产毛平均为1.4kg，毛长平均为6.5cm，毛质细密，质量优良。周岁羯羊胴体重为（26.11±1.29）kg，净肉重为（21.72±1.02）kg，内脏脂肪重为（6.34±0.18）kg，屠宰率平均为57%（图1-72）。

图1-72　豫西脂尾羊群体

（四）利用与评价

尚未建立豫西脂尾羊保护区和保种场，未进行系统选育，处于农户自繁自养状态。局部地区养殖户常引进外来品种进行杂交，加之封山禁牧的影响，使豫西脂尾羊的发展面临一定的困难。豫西脂尾羊具有适应性强、生长发育快、性成熟早、羔羊成活率高、肉质鲜美、屠宰率高等优点；缺点是繁殖率低。今后应加强本品种选育，提高其繁殖性能，通过建立繁育场，加快这一优良地方品种的开发利用。

（五）营养成分

12月龄豫西脂尾羊通脊肉蛋白质含量平均为20.05g/100g，嫩度剪切力平均为1.95kgf/cm²，脂肪含量平均3.13g/100g，含水量平均为72.1%，失水率平均为27.3%，熟肉率平均为60.93%，pH平均为5.84，胆固醇含量平均为102mg/kg，有色度值平均为0.767，肉色饱和度平均30.58。豫西脂尾羊肉的剪切力和失水率均低于小尾寒羊，而熟肉率高于小尾寒羊；有色度值越低，表明肉的颜色越鲜红；肉色饱和度值越高表示颜色越深。

豫西脂尾羊肉具有蛋白质含量高、脂肪和胆固醇含量低、嫩度高、保水性好、熟肉率高和肉色鲜红饱满等特点。

二十五、太行裘皮羊

太行裘皮羊（Taihang fur sheep）为蒙古系绵羊，属于裘皮型绵羊地方品种，是河南省优良的地方品种，是一个著名裘皮型绵羊品种，1980年被收录于《河南省地方优良畜禽品种志》。

（一）原产地

太行裘皮羊中心产区位于河南省安阳市的汤阴县，在太行山东麓沿京广铁路两侧的安阳县、龙安区，新乡市的辉县、卫辉市，鹤壁市的淇县等地区均有分布。太行裘皮羊起源已无从考证，该品种是适应当地生态条件，经长期自然和人工选育的结果。产区位于河南省最北部，在山西、河北、河南三省交汇处，海拔48.4~1 632m。属于暖温带过渡区大陆性季风气候，春季温暖多风，夏季炎热多雨，秋季凉爽，冬季寒冷。年平均气温13.6℃，无霜期201d。年平均降水量606mm，多集中在7—8月，相对湿度60%~65%。年平均日照时数2 455h。年平均风速2.7m/s。

农作物以小麦、玉米、大豆、甘薯、油菜、花生、大蒜、西瓜、芝麻、棉花及各种蔬菜等。农副产品及饲料资源丰富。

现有太行裘皮羊14 211只，能繁母羊6 650只，用于配种的成年公羊1 045只，基础公羊占全群的7.3%、基础母羊占全群的46.7%。

（二）外貌特征

太行裘皮羊被毛全白者占90%以上，头及四肢有色者不足10%。体格中等，体质结实。头略长，大小适中，鼻梁隆起。两耳多数较大且下垂，耳小者为数甚少。部分羊的额部有一块短细绒毛，少数羊眼睑和鼻梁有褐斑。公羊多数有螺旋形角，母羊多数有角或角基。颈细长，胸欠宽，背腰平直，后躯比较丰满。四肢略细，前肢端正，多数后肢呈"刀"状姿势，蹄棕红色或黑褐色。尾多数垂至飞节以下，尾根宽厚，尾尖细圆，属长脂尾，多数 S 状弯曲（图 1-73、图 1-74）。

图 1-73 太行裘皮羊公羊

图 1-74 太行裘皮羊母羊

（三）品种特性

太行裘皮羊常年发情，母羊一般 5～6 月龄性成熟。初配年龄，公母羊分别在 12 月龄和 7 月龄。发情周期 14～21d，发情持续期平均为 48h。妊娠期平均为 150d。年平均产羔率 130.58%。初生重，公羊 3.5～4.0kg，母羊 3.0～3.5kg。23 月龄断奶重，公羊 20～25kg，母羊 15～20kg。哺乳期日增重，公羊平均为 220g，母羊平均为 200g。

成年公羊体重为（51.28±14.53）kg，成年母羊为（49.52±9.38）kg。周岁公羊平均体重为 45kg，屠宰率平均为 51.06%，净肉率平均为 42.54%。周岁母羊平均体重为 37.83kg，屠宰率平均为 48.83%，净肉率平均为 39.99%。1 年剪毛 2 次，成年公羊春毛量为（0.81±0.06）kg，秋毛量为（0.75±0.31）kg；成年母羊春毛量为（0.80±0.13）kg，秋毛量为（0.71±0.03）kg。公羊春毛长为（11.30±2.73）cm，秋毛长为（8.36±1.13）cm；母羊春毛长为（11.15±1.13）cm，秋毛长为（7.66±1.13）cm（图 1-75）。

图 1-75 太行裘皮羊群体

（四）利用与评价

尚未建立太行裘皮羊保护区和保种场，未进行系统选育，处于农户自繁自养状态。

太行裘皮羊适应性好，抗病力强，耐粗放饲养，性格温驯，产肉率高。所产二毛皮是当地群众喜爱的御寒衣料。今后应进一步完善太行裘皮羊保种和发展规划，着重提高产羔率、二毛皮品质以及产肉性能，以全面提高太行裘皮羊的经济价值。

（五）营养成分

暂无。

二十六、汉中绵羊

汉中绵羊（Hanzhong sheep）又名"黑（墨）耳羊"，属毛肉兼用半细毛型绵羊地方品种。2008年，陕西省勉县汉中绵羊保种场被列为国家级畜禽遗传资源保种场，进行汉中绵羊活体保种。

（一）原产地

据考证，汉中绵羊来源于羌羊。据史料记载，羌羊入汉中已有2 700年的历史。在封闭而独特的秦巴山区自然条件下，当地群众精心培育出了与藏羊、蒙古羊外貌特征有明显差异，而被毛基本同质的地方优良品种——汉中绵羊。

汉中绵羊中心产区在陕西省汉中市的宁强县和勉县，目前主要分布于宁强县的燕子砭、安乐河和勉县朱家河、小砭河一带的浅山丘陵和中低山区。据2006年统计，存栏量为229只，其中宁强县123只，勉县106只。

汉中绵羊中心产区宁强县位于北纬32°27′—33°12′、东经105°21′—106°35′。海拔1 000~1 800m。属于亚热带湿润山地气候。年平均气温12.9℃，无霜期247d。年降水量平均为1 178mm，相对湿度平均为77%。年平均日照时数1 619h。农作物以水稻、小麦、玉米、薯类为主。牧草以禾本科为主，豆科较少，紫花苜蓿、黑麦草、高丹草等牧草种植面积较大。

（二）外貌特征

汉中绵羊全身被毛以白色为主，大部分个体颈、耳、眼周围为黑色或棕色。体格中等，体质结实，结构匀称。头大小适中、较斜长，呈三角形。额平。较少部分公羊角呈螺旋形，向外伸展，母羊一般无角。鼻梁隆起，耳大下垂。体躯呈长方形，颈细短，胸深，背腰平直。尻斜。四肢较短，蹄质结实。短瘦尾，呈锥形，较小。被毛属异质毛，但同质性好，毛股明显（图1-76、图1-77）。

图1-76 汉中绵羊公羊

图1-77 汉中绵羊母羊

（三）品种特性

汉中绵羊7～8月龄性成熟，当年即可配种受孕。母羊发情季节多集中在3—5月和9—10月，发情周期平均为17d，妊娠期平均为150d。年平均产羔率135.0%，羔羊成活率96.0%。初生重，公羊平均为2.5kg，母羊平均为2.3kg。产肉性能好，繁殖性能高。成年公、母羊平均体重分别为35kg和31kg。成年公羊剪毛量平均为1.8kg，母羊平均为1.4kg，羯羊平均为2.0kg。毛长为8～10cm，羊毛细度30～38μm。屠宰率平均为48%（图1-78）。

图1-78 汉中绵羊群体

（四）利用与评价

汉中绵羊是我国在品种资源调查中发掘的地方绵羊遗传资源。1990年曾进行了系统的品种调查，随着市场需求的变化，以及放松选育工作，种群数量急剧减少，处于濒危状态。2002年，勉县建立了汉中绵羊保种场，中心产区组建二级保种群，提出保种利用计划，明确选育目标和方法。建立资源保护区，进行保种工作，积极增加数量，突出特色，让其真正成为我国地方绵羊遗传资源。

(五) 营养成分

暂无。

二十七、晋中绵羊

晋中绵羊（Jinzhong sheep）属于肉毛兼用型绵羊地方品种。

(一) 原产地

晋中绵羊中心产区位于山西省中部的榆次、太谷、平遥、祁县四县，其他各县也有少量分布。产区地形以山地、丘陵为主，山地海拔 1 000～2 567m，丘陵区海拔 800～1 200m，平原区海拔多低于 800m，最低为 574m。年平均气温 5～10℃，无霜期 150d。年降水量 405～573mm，平均相对湿度 40%，雨季为 6—10 月。平均风速为 2.1m/s。

产区有潇河、汾河及其支流流贯于其间，水资源丰富。农作物以玉米、小麦、豆类、谷子等为主，牧草种类多，资源丰富。

(二) 外貌特征

晋中绵羊全身被毛为白色，部分羊头部为褐色或黑色。体格较大，体躯较长。头部狭长，鼻梁隆起，耳大下垂。公羊有角，呈螺旋状，母羊一般无角。颈长短适中，胸较宽，肋骨开张，背腰平直。并略呈前低后高。四肢结实，蹄质坚固。属短脂尾，尾大近似圆形，并具有尾尖。晋中绵羊的被毛有 2 个类型：一类为毛辫型，毛长而细，略有弯曲；另一类为沙毛型，毛短而粗，并混有干丝毛（图 1-79、图 1-80）。

图 1-79　晋中绵羊公羊　　　　　　　　图 1-80　晋中绵羊母羊

(三) 品种特性

晋中绵羊的公、母羊一般在 7 月龄左右可达到性成熟，1.5～2 岁时开始初次配种。母羊多集中在秋季发情，发情周期 15～18d，妊娠期平均为 149d，年平均产羔率为

102.5%。初生重，公羊平均为 2.89kg，母羊平均为 2.88kg，羔羊断奶成活率平均为 91.7%。成年公羊平均体重为（72.65±13.80）kg，母羊为（43.75±5.88）kg。成年公羊产毛量平均为 1.1kg，母羊平均为 0.76kg。羊毛自然长度平均为 10.2cm，绒毛长平均为 6.3cm。平均净毛率为 62.19%。纤维按重量百分比计，无髓毛平均占 73.2%，有髓毛平均占 15.8%，两型毛平均占 11.05%。晋中绵羊一般以"站羊"方式进行育肥，即将羔羊圈在家中，除喂以青草、树叶外，每天还补喂饲料 0.25～0.5kg。10 月龄"站羊"体重平均可达 42.5kg，屠宰率平均为 56.4%；2 岁以上成年羯羊体重平均为 40.7kg，屠宰率平均为 52.1%（图 1-81）。

图 1-81　晋中绵羊群体

（四）　利用与评价

尚未建立晋中绵羊保护区和保种场，处于自繁自养状态。晋中绵羊体格较大，采食能力强，适应当地粗放的饲养管理条件，尤其是周岁内生长发育快，易育肥，肉质鲜嫩，膻味小。晋中绵羊是山西省优良的地方绵羊品种，数量较多。虽然其产毛量低、毛质差，但具有生长快、易育肥、肉脂鲜嫩等特点，是不可多得的宝贵的绵羊遗传资源，应当加以保护和利用，以提高其产肉性能和繁殖力。据 2006 年年底统计，产区总计存栏量为 19.2 万只。

（五）　营养成分

12 月龄晋中绵羊通脊肉蛋白质含量平均为 23.01g/100g，含水量平均为 69.49g/100g，脂肪含量平均为 1.23g/100g，系水力平均为 66.41%，灰分含量平均为 1.53g/100g，嫩度剪切力平均为 8.23kgf/cm^2，肌纤维直径平均为 20.56μm，熟肉率平均为 72.02%，干物质含量平均为 30.51g/100g。

二十八、威宁绵羊

威宁绵羊（Weining sheep）为藏系山谷型粗毛羊，属毛肉兼用型绵羊地方品种。

（一）原产地

　　威宁绵羊主要产于贵州省威宁县，分布于赫章、盘州市、纳雍、毕节、大方、水城、黔西、织金、金沙等县。

　　威宁绵羊中心产区威宁县地处贵州西部乌蒙山脉腹部的高原上，产区海拔高，气温低，牧地广阔，属高山台地。中心产区威宁县，海拔 2 234m，年平均气温 10～12℃，最高气温 30℃，最低气温－10℃。无霜期 208d，年平均降水量 971.4mm，雨季在夏秋季，平均相对湿度 80%，全年日照 1 796.7h。主要农作物有玉米、马铃薯、荞麦和豆类，为绵羊的发展提供了丰富的饲草饲料。在这样的自然生态条件影响下，威宁绵羊形成了耐粗饲、适应性强的特性。

（二）外貌特征

　　威宁绵羊被毛主要为白色，少数为黑色和花色。耳、脸、唇及四肢下部多有黑色、黄褐色斑点。少数背、腰部有黑、褐色。结构紧凑，体格中等。头部呈三角形，大小适中，额平，鼻梁凸隆，耳小，平伸。公羊多数有角，多为半圆形角，少数有螺旋形角。母羊多为退化的小角，角呈褐色。颈部呈圆筒状，稍长而细。体躯呈圆筒状，前高后低，肋开张，腰肷丰满，背腰平直，臀部略倾斜。四肢骨骼较细，腿较长，蹄呈蜡黄色。尾短瘦，呈锥形（图 1-82、图 1-83）。

图 1-82　威宁绵羊公羊　　　　　　　　图 1-83　威宁绵羊母羊

（三）品种特性

　　威宁绵羊 7 月龄性成熟，初配年龄为 10 月龄。母羊秋季发情，发情周期平均为 20d，妊娠期平均为 150d，产单羔。初生重平均为 2.14kg，120 日龄断奶重平均为 13.82kg。羔羊断奶成活率平均为 86.32%。成年公羊平均体高、体长、胸围和体重分别为（59.3±6.2）cm、（57.0±6.0）cm、（72.5±10.8）cm、（34.6±8.5）kg，成年母羊分别为（58.7±5.0）cm、（57.9±5.8）cm、（72.8±7.3）cm、（32.5±6.3）kg。威宁绵羊属粗毛羊，异质毛被，外层为粗毛和两型毛，少弯曲，内层为绒毛。羊毛油汗少。每年剪毛 3 次，全年每只产毛量平均为 0.7kg，公羊年剪毛量略高，平均为 1.3kg。净毛率公羊平均为 70%，母羊平均为 67%。成年羯羊的屠宰率平均为 45.3%。一般 1 年 1 胎 1 羔，繁殖成活率为 55%～62%。以威宁绵羊作母本，用细毛公羊和半细毛公羊引进杂交，已取得明显成效，其后代体重、产毛量和毛的品质等都有不同程度的提高（图 1‑84）。

图 1‑84　威宁绵羊群体

（四）利用与评价

威宁绵羊体质结实，特别适应贵州高海拔山区饲养。但产毛量低，羊毛品质差，繁殖率不高。目前数量仅为 3 000 余只，处于濒危状态。应迅速采取抢救性保种措施，加强对这一品种资源的保护。

（五）营养成分

暂无。

二十九、泗水裘皮羊

泗水裘皮羊（Sishui fur sheep）又称"泗河绵羊"，属裘肉兼用型绵羊地方品种。

（一）原产地

泗水裘皮羊中心产区在山东省中部泗水县的中册镇、高峪乡、泉林镇、泗张镇、苗馆镇、圣水峪等乡镇，在曲阜、邹城一带也有分布。产区泗水县地势南北高、中部低，由东向西倾斜，平均海拔 182m。属于温带大陆性季风气候，四季分明，光照充足，雨热同季，季风明显。年平均气温 13.4℃，无霜期 197d。年平均降水量 729mm，相对湿度 65%。年平均风速为 2.9m/s。

泗水裘皮羊培育历史悠久，生物学特性独特，威武雄壮，是中国珍贵的绵羊遗产资源之一，也是山东省地方优良家畜品种。早在清代，泗水裘皮羊的裘皮就是贡品，价值非凡。1931 年，泗水县存栏量 15 000 余只。1981 年，农业部组织畜牧专家进行地方畜禽良种调查，认定泗水裘皮羊品质优良，并报请上级有关部门批准将泗水县定为裘皮羊生产基地，提出"去劣选优，提纯复壮"的方针，并指示成立育种组，提高裘皮羊的双羔率。泗水县畜牧部门根据上级指示确定中册镇、高峪乡、泉林镇、泗张镇、苗馆镇、圣水峪6个乡镇为裘皮羊繁殖基地，建立核心群5个，选育优质羊500余只。

（二）外貌特征

泗水裘皮羊被毛大部分为全白色，少数有黑褐色斑块。体躯略呈长方形，后躯稍高。骨骼健壮，结构匀称，肌肉丰满。头形略显狭长，面部清秀，鼻骨隆起。公羊大多数有螺旋形角，个别羊有4个角。母羊少数有小姜角。耳分为大、中、小3种，大耳长，呈下垂状，中耳向两侧伸直，小耳羊数量较少，仅能看到耳根。颈部细长，胸较深，后躯发育好，尻微斜，腹部紧凑稍下垂，背腰稍平直，四肢短而结实。被毛为两型毛，腹毛稀短，头及四肢为刺毛。公羊头生多角，可达2～6个。尾是短脂尾，上宽下厚，尾尖向上再向下垂，长达飞节。羔羊至6月龄，体躯有弯曲明显的毛丛（图1-85、图1-86）。

图1-85 泗水裘皮羊公羊

图1-86 泗水裘皮羊母羊

（三）品种特性

泗水裘皮羊10～12月龄性成熟。公、母羊12月龄开始配种。母羊多在春季发情，发情周期18～20d，妊娠期149～155d，产羔率平均为100.7%。初生重平均为3.5kg，断奶重平均为20kg，哺乳期日增重160～180g。羔羊断奶成活率平均为95%。一般饲养条件下，母羊2年3产，一般1胎1羔，产双羔较少。

成年公羊体高为（60.1±4.2）cm，体斜长为（63.9±3.7）cm，胸围为（79.2±4.5）cm，体重为（38.9±3.1）kg。成年母羊体高为（55.1±3.8）cm，体斜长为（60.1±2.9）cm，胸围为（71.2±4.9）cm，体重为（28.4±3.4）kg。公羊产毛量平均为2.5kg，母羊平均为1.5kg。2月龄羔羊裘皮质量好，毛长为6.4～8.5cm，毛色纯白，光泽良好，被视为国内裘皮珍品。成年羊产毛量1.5～2.0kg，毛长为13～16cm，净毛率为63%～66%。被毛由无髓毛、两型毛、有髓毛，以及部分干、死毛组成。成年羯羊屠宰率为45%～49.5%，净肉率为37.2%～39.3%。肉质较好，色泽鲜艳，肉

色浅红或鲜红；皮下脂肪分布均匀，肌肉细嫩，味道鲜美。板皮厚薄均匀一致，皮重为140～416.33g，皮厚为0.94～1.23mm，板皮面积为1 690.67～3 418.67cm²，有花面积占总面积的84.44％～99.86％（图1-87）。

图1-87　泗水裘皮羊

（四）利用与评价

自20世纪80年代以来，由于多方面原因，泗水裘皮羊存栏量急剧下降，应进行必要的品种资源保护和开发。因其体格偏小，繁殖率较低，今后应在巩固提高裘用、皮用性能的基础上，不断提高其肉用和繁殖性能。

（五）营养成分

暂无。

三十、昭通绵羊

昭通绵羊（Zhaotong sheep）原称"昭通土绵羊"，为短毛山谷型藏羊，属毛肉兼用型绵羊地方品种。

（一）原产地

昭通绵羊主产区位于云南省昭通市。主要分布于云南省昭通市的彝良、镇雄、大关、永善、巧家、昭阳和鲁甸等县。产区位于北纬26°80′—28°50′、东经102°88′—105°30′，地处云南省东北部。属典型高原山地构造地貌，平均海拔1 685m。年平均气温6.2～21℃，最高气温42.7℃，最低气温−16.8℃。无霜期134～220d。年平均降水量1 100mm，蒸发量1 175mm，相对湿度75％～92％。主要牧草有马唐、蚊子草、鸡脚草、野苜蓿、百脉根、莎草、灯心草等，青草期为8～9个月，牧草再生能力强。

据 2005 年普查统计，总存栏量 3.94 万只。

（二）外貌特征

昭通绵羊被毛多为白色，头、四肢多有黑、黄花斑，体躯毛色全白者占 98% 以上，个别有黑花斑、黄花斑。尾根有花斑者居多，四肢毛色斑点与头部花斑颜色基本一致；其次为黄花、黑色、黄色。被毛异质，较稀而松散，有光泽，毛丛结构不明显，少数母羊有毛丛结构并有弯曲。体质结实，结构良好，骨骼健壮，肌肉丰满。体态轻盈，行动敏捷，善于爬山，纵跃能力极强。头长短适中，一般无角。公羊有角的仅占 5.3%，多为螺旋形角。母羊有角者占 4.62%，有梳子角和丁丁角。耳有长短之分，以长耳者为多。鼻梁隆起，眼眶稍凸出。颈细长，鬐甲稍高，背腰平直而窄，胸较深，肋骨微拱。四肢较高，肢势端正。尾呈锥形，长 12～25cm（图 1-88、图 1-89）。

图 1-88　昭通绵羊公羊

图 1-89　昭通绵羊母羊

（三）品种特性

昭通绵羊性成熟较早，初配年龄在 1.0～1.5 岁，公羊 4～5 月龄即有性行为。母羊性成熟在 9～10 月龄。母羊春秋季发情，发情周期平均为 16d，妊娠期平均为 151d。产羔率 80%～98%。一般 1 年 1 胎，双羔较少。初生重 2.8～3.1kg，断奶重 24.4～26.1kg。羔羊成活率平均为 84.66%。成年公、母羊平均体重分别为 46.3kg 和 41.6kg，成年公羊胴体重平均为 20.38kg，净肉重平均为 16.35kg，屠宰率平均为 44%，净肉率平均为 35.3%；周岁母羊相应为 14.42kg、11.14kg、46.18% 和 36.11%。

昭通绵羊以终年放牧为主，一般只在大雪封山或冰冻的短期内实行圈养，补给一些豆科类秸秆和麦草，并加少量玉米、马铃薯及萝卜等。昭通绵羊分别在 3 月、6 月、9 月剪毛 3 次。成年公、母羊年产毛量分别为 1～1.5kg 和 1～1.2kg，毛长为 4～4.5cm，3 月、6 月毛比 9 月毛稍长。如全年在 9 月只剪毛 1 次，毛长平均为 9.1cm。母羊无髓毛（重量比）平均占 66%，两型毛平均占 33.2%，有髓毛平均占 0.8%。羊毛细度，无髓毛平均为 27.7μm，两型毛平均为 58.6μm，有髓毛平均为 64.2μm。净毛率平均为 75.72%（图 1-90）。

图1-90 昭通绵羊群体

（四）利用与评价

昭通绵羊体型紧凑，体质结实，善于爬山越野，放牧性好，耐粗饲，抗病力强，适应当地山高坡陡的山地草场和冷凉气候。被毛洁白，品质佳，是地毯和擀毡的优质原料。根据国家和当地群众生产生活的需要，今后应实行"本品种选育和经济杂交并举"的方针。在进行本品种选育的同时，应提高产肉、产毛性能和毛品质，使其向综合利用的方向发展。

（五）营养成分

暂无。

三十一、迪庆绵羊

迪庆绵羊（Diqing sheep）属短毛型山地粗毛绵羊地方品种。

（一）原产地

迪庆绵羊主产于云南省香格里拉市和德钦县的高寒坝区。在全州河谷二半山区也有零星分布和饲养。产区位于北纬27°21′—29°16′、东经98°35′—100°15′，海拔2 800～4 000m。年平均气温5.4～10.0℃，最高气温24℃，最低气温－19℃。无霜期121d。年降水量600～800mm。一般认为，迪庆绵羊是活羊交易遗留下的羊种繁育而成，含有较高的西藏血统，体型外貌和西藏羊三江型有相似之处。自1958年开始，先后引进高加索羊、罗姆尼羊、美利奴羊、考力代羊、新疆细毛羊和东北细毛羊等品种进行杂交改良，逐渐形成了山地型巴美地区绵羊和草原型迪庆绵羊2个品系。

据2006年普查统计，迪庆中北部高原坝区和高寒山区饲养量为54 379只，半高寒山区和河谷山区饲养量为15 067只。

（二）外貌特征

迪庆绵羊被毛以黑褐色、黑白花、白色为主，头和四肢黑褐色、身白色次之。被毛较短，毛质较粗，异质毛含量较高。体格较小，头深，额宽平，鼻梁稍隆起，耳小，平伸。公、母羊均有角，公羊角大，呈粗螺旋状、镰刀状。母羊角小，多为姜角，稍圆。颈细短，体躯短圆，背腰平直，尻小，稍斜。四肢短粗，蹄小圆，结实，呈黑褐色，偶见蜡黄色。尾短、瘦小，呈叶形（图1-91、图1-92）。

图1-91　迪庆绵羊公羊　　　　　　　　图1-92　迪庆绵羊母羊

（三）品种特性

迪庆绵羊相对晚熟，繁殖性能较低。一般公羊1～1.5岁性成熟，1.5～2岁初配。母羊1岁性成熟，1.5岁配种产羔。母羊发情周期15d左右，妊娠期150d左右，年产羔平均为0.95只。初生重平均为2.7kg，羔羊成活率平均为80%左右。成年公羊体重平均为41.0kg，成年母羊体重平均为36.0kg，羯羊体重平均为33.5kg。成年羯羊屠宰率平均为43%。被毛由细毛、两型毛及有髓毛组成。一般高寒地区母羊6—9月发情配种，半山区5—6月和10—11月发情配种。在1—3月和9—10月集中产羔。一般多为1年1产，也有2年产3羔。年平均产羔率95%。

以放牧饲养为主。一年剪毛2～3次。春季毛长，公羊平均为6.36cm，母羊平均为4.46cm。春毛比秋毛量低。春毛量，成年公羊平均为0.82kg，母羊平均为0.57kg。秋毛量，母羊平均为0.48kg。被毛厚度为1.5～2.0cm，毛长为10～13cm，细度为55.80～76.76μm（图1-93）。

（四）利用与评价

迪庆绵羊具有耐寒、耐牧、抗逆、抗缺氧能力强，草地利用率高，肉味香浓等特点。但是，性成熟晚，繁殖性能较低，生长速度慢。今后在未改良区应加强本品种选育，逐步改善饲养管理条件和放牧方式，努力提高生产性能；在改良区先观察引进半细毛羊的改良效果，再决定是否逐步推广。

图 1-93　迪庆绵羊群体

（五）营养成分

12 月龄迪庆绵羊通脊肉蛋白质含量平均为 25.3g/100g，灰分含量平均为 1.32%，水分含量平均为 68.7%，脂肪含量平均为 3.7%，熟肉率平均为 72.6%。迪庆绵羊肉中蛋白质含量高，有较高的营养价值，符合现代营养的高蛋白要求。

三十二、腾冲绵羊

腾冲绵羊（Tengchong sheep）为藏系山地型粗毛羊，属肉毛兼用型绵羊地方品种。

（一）原产地

腾冲绵羊主要产于云南省保山市腾冲市北部。腾冲绵羊是腾冲长期饲养的本地绵羊品种。中心产区为腾冲市明光、滇滩、固东 3 个乡镇，分布于明光、滇滩、固东、界头、猴桥、中和等乡镇。产区位于北纬 24°38′—25°52′，东经 98°05′—98°46′，平均海拔 1 650m。年平均气温 14.8℃，最高气温 30.5℃，最低气温 -4.2℃。无霜期 234d。年平均降水量 1 469mm，相对湿度 79%。年平均日照时数 2 176h。

农作物主要有稻谷、玉米、小麦、大麦、豆类、薯类等。

（二）外貌特征

腾冲绵羊头、四肢、体躯被毛为全白色者占 20%，头和四肢为花色斑块者占 80%。被毛覆盖较差，头、阴囊或乳房、前肢膝关节以下和后肢分节以下均为刺毛，腹毛粗而覆盖差。体格高大，体躯较长，体质结实。头深，额短，耳窄长，鼻梁隆起。公、母羊均无角。颈细长，鬐甲高，耳狭窄，肋骨微拱，胸部欠宽，臀部窄而略倾斜，腹线呈弧形。尾呈长锥形，长 21～30cm。四肢粗壮，肌肉发育适中（图 1-94、图 1-95）。

图 1-94 腾冲绵羊公羊　　　　　　　图 1-95 腾冲绵羊母羊

（三） 品种特性

腾冲绵羊公、母羊初配年龄为 18 月龄左右。母羊发情季节多在 5 月和 10 月，发情周期 18～22d，发情持续期 2～3d，妊娠期平均为 150d，产羔率平均为 101.4%，羔羊成活率平均为 87.3%。

一年四季均以放牧为主。成年公羊体重为（50.98±3.29）kg，成年母羊体重为（48.36±4.64）kg。成年公羊胴体重平均为 20.69kg，净肉重平均为 8.49kg，屠宰率平均为 47.30%；周岁母羊上述指标分别为 19.05kg、7.8kg 和 46.96%。

每年剪毛 3 次，分别在 3 月、6 月和 10 月剪毛，年平均产毛量 1.28kg。公羊被毛长度平均为 5.4cm，母羊平均为 5.0cm；细度平均为 44.92μm。净毛率，公羊平均为 72.8%，母羊平均为 60.4%（图 1-96）。

图 1-96 腾冲绵羊群体

（四） 利用与评价

腾冲绵羊具有抗潮湿、体型大、抗逆性强、肉质好等特点。多年来，受草场面积减少、牧草退化等因素的影响，存栏量减少，生产性能下降，养羊经济效益较低。根据腾冲绵羊的特点和目前存在的问题，应充分利用其抗潮湿、体型大、抗逆性强等优点，一方面加强本品种选育；另一方面可导入外血，以提高其繁殖率和生长速度。

（五）营养成分

12月龄腾冲绵羊通脊肉蛋白质含量平均为24.2g/100g，灰分含量平均为1.30%，水分含量平均为73.4%，脂肪含量平均为5.0%。

三十三、兰坪乌骨绵羊

兰坪乌骨绵羊（Lanping black-bone sheep）属以产肉为主的绵羊地方遗传资源。兰坪乌骨绵羊的发现可追溯到20世纪40年代，70年代在兰坪县的通甸镇山区一带就发现了乌骨绵羊，但当时并未引起重视。进入80年代，实行农村家庭联产承包责任制后，绵羊饲养从以集体饲养为主转变为农户家庭饲养，饲养量提高很快，同时这一带农户家中屠宰的绵羊中也不断有乌骨绵羊出现，在烹饪食用时膻味较一般绵羊小，当地群众称之为"黑骨羊"，并逐渐受到重视。2001年开始，在云南省省内有关专家的指导下，养殖户进行了异地饲养、杂交等试验并初步证明乌骨性状是可遗传的，同时开始重视该羊的选留，逐步形成了乌骨羊类群。2010年，通过国家畜禽遗传资源委员会鉴定。

（一）原产地

兰坪乌骨绵羊中心产区位于云南省兰坪白族普米族自治县通甸镇，集中分布于该镇的龙潭、弩弓、金竹、水俸和福登村。产区位于北纬26°06′—27°04′、东经98°58′—99°38′，北部与青藏高原毗邻，地处著名的横断山脉中段、滇西北高原。属金沙江、澜沧江、怒江"三江并流"纵谷区。境内大小河流93条。平均海拔2 552m，最高海拔4 435.4m，最低海拔1 350m。年平均气温13.7℃，最高气温31.7℃，最低气温−12℃。年平均降水量1 002mm。年平均日照时数2 009h。

农作物主要有玉米、马铃薯、燕麦、荞麦和芸豆。栽培牧草有黑麦草、鸭茅、红三叶和白三叶等。

（二）外貌特征

兰坪乌骨绵羊被毛为异质粗毛，头及四肢覆盖差。颜色主要有3种：白色占49%，黑色占43%，黑白花色占8%。眼结膜呈褐色，腋窝皮肤发绀，口腔黏膜、犬齿和肛门呈乌色。从外貌特征看，兰坪乌骨绵羊与一般绵羊没有区别，但解剖后可见骨膜、肌肉、气管、肝、肾、胃网膜、肠系膜和羊皮内层等呈乌色。随年龄增长，不同组织器官黑色素沉积顺序和程度有所不同。头狭长，鼻梁微隆，耳大、向两侧平伸。公、母羊多数无角，少数羊有角，角形呈半螺旋状向两侧后弯。胸深宽，背腰平直，体躯较长。四肢长而粗壮有力，尾短小，呈圆锥形。颈粗长，无皱褶（图1-97、图1-98）。

图1-97　兰坪乌骨羊公羊

图1-98　兰坪乌骨羊母羊

（三）品种特性

兰坪乌骨绵羊性成熟年龄，公羊8月龄，母羊7月龄。初配年龄，公羊13月龄，母羊12月龄。母羊季节发情。发情周期平均为18d，1个发情期持续时间约30h，妊娠期平均152d，利用年限为5～6年，平均产羔率为103.48%。多数母羊年产1胎，单羔占91.5%，双羔占8.5%。羔羊初生重2.5kg左右，断奶成活率平均88.52%。

在春、夏、秋季以放牧为主，冬季多为放牧与舍饲相结合，并补饲马铃薯、荞麦、燕麦以及农作物秸秆。1年剪毛2次，每次公羊剪毛量平均为1kg，母羊剪毛量平均为0.7kg。成年公羊体重为（47.0±9.53）kg，母羊体重为（37.3±5.4）kg。成年公羊胴体重为（22.76±0.66）kg、屠宰率为（48.4±1.62）%、净肉率为（40.3±1.06）%；成年母羊上述指标相应为（15.75±1.78）kg、（42.2±1.78）%、（37.0±1.75）%（图1-99）。

图1-99　兰坪乌骨羊群体

（四）利用与评价

研究表明，兰坪乌骨绵羊是由于基因突变引起的，其乌骨、乌肉性状是可以稳定遗传

71

的。乌骨绵羊组织器官中的黑色素与乌骨鸡中的黑色素相同,且随着年龄的增长沉积量随之增加。乌骨绵羊肉中酪氨酸酶活性明显高于非乌骨羊,这说明乌骨绵羊合成黑色素的能力较强。因此,今后应进一步研究阐明乌骨绵羊形成的原因及开发价值。同时,积极开展本品种选育,利用现代科学技术手段迅速扩群,特别是增加拥有纯合子的个体数量,使其成为我国羊产业中的特色品种(遗传资源)。

(五)营养成分

兰坪乌骨绵羊背最长肌蛋白质含量平均为 19.94g/100g,比兰坪普通绵羊背最长肌蛋白质含量高 2.56%;粗脂肪含量平均为 12.08g/100g;灰分含量平均为 3.76%,灰分中磷含量比兰坪普通绵羊高 0.13%;干物质含量平均为 25.04%;水分含量平均为 75.01%;氨基酸总含量平均为 18.71%,人体必需氨基酸中的色氨酸、赖氨酸平均含量分别为 0.80mg/100g、1.66mg/100g;脂肪酸、不饱和脂肪酸、多种矿物元素含量丰富。

三十四、宁蒗黑绵羊

宁蒗黑绵羊(Ninglang black sheep)属肉毛兼用型绵羊地方遗传资源。1987 年,该品种被列入《云南省家畜家禽品种志》。2010 年,通过国家畜禽遗传资源委员会鉴定。

(一)原产地

宁蒗黑绵羊为云南丽江市宁蒗彝族自治县的西川和西布河乡。在永宁、翠玉、大兴、红桥、宁利、烂泥箐、新营盘、跑马坪、蝉战河、战河、永宁坪等乡镇均有分布。产区位于北纬 26°35′—27°56′、东经 100°22′—101°16′,地处云南省西北部、横断山脉中段东侧、青藏高原与云贵高原过渡的接合部,与四川大凉山相连,俗称"云南小凉山"。平均海拔 2 800m,最高海拔 4 510m,最低海拔 1 350m。年平均气温 12.7℃,无霜期 150～170d。年平均降水量 918mm,相对湿度 69%。年平均日照时数 2 321h,日照率 53.80%。年平均风速 3.3m/s。

农作物主要有玉米、马铃薯、燕麦、荞麦、稻谷、大豆、杂豆。

该绵羊长期生长在冷凉地区,且当地老百姓饲养管理粗放,因而具有适应冷凉山区多变的环境条件,采食能力强、饲料利用范围广、性情温驯、抗病性强、易管理等特点。2008 年存栏量 60 793 只。

(二)外貌特征

宁蒗黑绵羊全身被毛黑色,额顶有白斑(头顶一枝花)者占 76.4%,尾、四肢蹄缘为白色者占 66.5%,被毛异质。体格较大,结构匀称。头稍长,额宽、微凹,鼻梁隆起,耳大前伸。公羊有粗壮的螺旋形角,母羊一般无角或仅有姜角。颈部长短适中,体躯近长方形。胸宽深,背腰平直,腹大充实。尻部匀称。四肢粗壮结实,蹄质坚实,呈黑色。尾细而稍长。

根据体型外貌和被毛结构的差异，宁蒗黑绵羊分为纠永型（大型）和鼻永型（小型）。

纠永型（大型）：头长，额宽微凹，鼻隆起，兔头型。头部被毛着生在耳后枕骨，四肢毛着生在肘和膝关节处，被毛细而稍稀，胸深。

鼻永型（小型）：头长，额宽稍平，鼻梁略隆起，似锐角三角形。头部被毛着生至两耳连线上，四肢着生至肱骨和小腿骨上1/3处。被毛粗而稍密，胸宽（图1-100、图1-101）。

图1-100 宁蒗黑绵羊公羊　　　　　　　图1-101 宁蒗黑绵羊母羊

（三）品种特性

宁蒗黑绵羊公羊7月龄左右性成熟，初配年龄一般为1～1.5岁。母羊初情期6月龄左右，12月龄配种。母羊多春秋两季发情，配种季节在6—9月，发情周期16～19d，发情持续期24～72h，妊娠期（150±5）d。1年产1胎，多数产单羔，繁殖率平均95.75%。初生重，公羊（3.2±0.70）kg，母羊（2.70±0.62）kg。4月龄断奶重，公羊（14.76±2.25）kg，母羊（13.52±1.80）kg。成年公、母羊平均体重分别为42.55kg、37.84kg。成年公羊平均胴体重为15.74kg、屠宰率为37%、净肉重为12.05kg、净肉率为28.3%；成年母羊上述指标为相应为16.16kg、42.7%、12.0kg、31.7%。羔羊断奶成活率平均为81.50%。

宁蒗黑绵羊以终年放牧为主。1年剪毛1次，鼻永型（小型）公羊剪毛量平均为0.91kg，母羊平均为0.55kg；纠永型（大型）公羊剪毛量平均为0.6～0.8kg，母羊平均为0.5～0.6kg。

（四）利用与评价

宁蒗黑绵羊具有遗传性能稳定、体质结实、体格较大、行动敏捷、耐高寒、耐粗饲、性情温驯、产肉性能好等优点。缺点是产毛量低、有髓毛含量高。今后应以本品种选育为主，保持提高其优良特性。对纠永型（大型）保留体格大的特点，向肉用方向发展；鼻永型（小型）可引用黑色裘皮用羊进行杂交改良，向裘皮方向发展（图1-102）。

图 1-102　宁蒗黑绵羊群体

（五）营养成分

暂无。

三十五、石屏青绵羊

石屏青绵羊（Shiping gray sheep）属肉毛兼用型绵羊地方遗传资源，至今已有200年历史，2010年通过国家畜禽遗传资源委员会鉴定。

（一）原产地

石屏青绵羊分布于云南省石屏县北部山区，中心产区为石屏县的龙武镇、哨冲镇、龙朋镇，其他山区乡镇也有分。中心产区位于北纬23°47′—24°06′、东经102°13′—102°43′，境内山高水多，属典型的山地地貌。最高海拔2 544.2m，最低海拔860m。年平均气温18℃，最高气温35℃，最低气温7.5℃。无霜期240～300d。年降水量800～1 200mm，相对湿度75%。

农作物主要有水稻、小麦、玉米、马铃薯等作物。经济作物主要有烤烟、萝卜、甘蔗、油菜、水果等。养殖业是家庭经济的重要来源。

（二）外貌特征

石屏青绵羊被毛覆盖良好，颈、背、体侧被毛以青色为主，占85%，棕褐色占15%。头部、腹下、前肢腕关节以下，后肢飞节以下毛短而粗，为黑色刺毛。体质结实，体格中等，结构匀称，近于长方形。头大小适中，额宽，呈三角形，鼻梁隆起。耳小、灵活、不下垂。公、母羊绝大多数无角（占90%），少数有角或退化角（占10%），角粗，呈倒"八"字，灰黑色。颈长短适中，胸宽深，肋微拱起，背腰平直，尻部稍斜，后躯稍高。四肢细长，蹄质坚实，行动灵活，善爬坡攀岩，多为黑色。尾短而细（图1-103、图1-104）。

图1-103　石屏青绵羊公羊

图1-104　石屏青绵羊母羊

（三）品种特性

石屏青绵羊公羊7月龄进入初情期，12月龄达到性成熟，18月龄用于配种；母羊8月龄进入初情期，12月龄达到性成熟，16月龄用于配种。公羊利用年限为3～4年，母羊利用年限为6～8年。发情以春季较为集中，一般年产1胎，产羔率平均为95.5%。成年公羊体重为（35.8±2.5）kg、胴体重为（13.21±2.22）kg、屠宰率平均为36.9%、净肉重为（9.67±1.72）kg、净肉率平均为27%；成年母羊相应为（33.8±3.6）kg、（11.81±2.19）kg、34.9%、（8.15±1.92）kg和24.1%。

一年四季均以放牧为主，极少补饲。公、母羊一年剪毛2次，公羊年均产毛0.74kg、母羊为0.46kg。羊毛自然长度平均为7.41cm（图1-105）。

图1-105　石屏青绵羊群体

（四）利用与评价

石屏青绵羊体躯被毛以青色为主，行动灵活、善爬坡攀岩，遗传性能稳定，性情温驯，耐寒，耐粗饲，适应性和抗病力强；肉质细嫩，味香可口。但由于该品种尚未经过系统选育，再加上产区饲养水平较低，所以个体生产性能差异较大。今后应加强本品种选育，统一体型外貌，提高生产性能。据 2006 年普查统计，石屏青绵羊总存栏量 3 118 只。

（五）营养成分

暂无。

三十六、鲁中山地绵羊

鲁中山地绵羊（Luzhong mountain sheep）俗称"山匹子"，属肉裘兼用型绵羊地方品种。

（一）原产地

鲁中山地绵羊产于山东省中南部的泰山、沂山、蒙山等山区丘陵地带，中心产区为济南市平阴县、长清区和泰安市东平县等地，存栏量为 6 万只左右。中心产区地处泰山山脉以西与鲁西平原的过渡地带，地势南高北低、中部隆起，属低山丘陵区，海拔 100～900m，形成了以丘陵台地为主，兼顾平原、洼地等地形地貌特征。年平均气温 14.4℃，1 月平均气温－0.7℃，7 月平均气温 27.5℃。无霜期 169d。年平均降水量 606mm，相对湿度 64%，四季降水差别明显，以夏季最多，约占 62%。主风向为东南风向，年平均风速 2.2m/s。

农作物主要有小麦、玉米、高粱、大豆、花生、甘薯、棉花、芝麻等，丰富的农副产品为鲁中山地绵羊提供了充足的饲草料资源。

鲁中山地绵羊是蒙古羊输入鲁中地区以后，在当地优良的放牧条件下，经过长期的风土驯化和人工选育而形成的地方培育品种。

（二）外貌特征

鲁中山地绵羊被毛以白色为主，也有杂黑褐色者。体格较小，体躯略呈长方形，后躯稍高。头大小适中，窄长，额较平，鼻梁隆起。耳型分中、小 2 种，耳直立。公羊多为小型盘角或螺旋状角，母羊多数无角或有小姜角。胸部较窄，肋骨开张，背腰平直，尻稍斜，后躯稍高，骨骼粗壮结实，肌肉发育适中，四肢短粗，蹄质坚硬。属短脂尾，尾形不一，尾根圆肥，尾尖多呈弯曲状（图 1-106、图 1-107）。

图 1-106 鲁中山地绵羊公羊

图 1-107 鲁中山地绵羊母羊

（三）品种特性

鲁中山地绵羊母羊性成熟年龄一般为6～7月龄。初配年龄，公羊11～12月龄，母羊8～9月龄。母羊发情周期平均为18d，妊娠期平均为152d。年产羔率平均为115%，羔羊断奶成活率平均为94%。初生重，公羊1.9～2.5kg，母羊1.6～2.2kg。90日龄断奶重，公羊平均为14.2kg，母羊平均为13.5kg。哺乳期日增重，公羊平均为131g，母羊平均为125g。周岁公羊胴体重为（23.44±2.28）kg、屠宰率平均为53.27%、净肉率平均为39.57%；周岁母羊相应为（17.21±2.16）kg、49.17%和40.37%。成年公羊体重为（39.9±5.94）kg，成年母羊为（35.5±5.88）kg。一般利用年限为5～7年。配种方式以本交为主，公、母羊比例一般为1：（20～50）。

剪毛量，成年公羊为（2.39±0.49）kg，净毛率平均为61.26%；成年母羊相应为（2.12±0.70）kg和64.48%。被毛异质，按重量百分比计，成年公羊无髓毛占54.95%、两型毛占24.54%、有髓毛占17.07%、死毛占3.63%；成年母羊相应为53.70%、25.81%、16.86%、3.63%。鲁中山地绵羊一般1年剪毛2次，4月底至5月初剪春毛，8月底至9月初剪秋毛。成年公羊年剪毛量平均为2.39kg，净毛率平均为61.3%；成年母羊剪毛量平均为2.12kg，净毛率平均为64.5%。春毛长度为9～11cm，秋毛长度为6～7cm。

（四）利用与评价

鲁中山地绵羊具有适应性强、抗病能力强、肉质好、耐粗饲、性情温驯、便于管理、登山能力强、适于山区放牧等特点。今后应建立核心场和保种区，加强保种选育及提纯复壮，开展系统选育，进一步提高增重速度和繁殖能力，促进产业发展。

（五）营养成分

暂无。

三十七、巴尔楚克羊

巴尔楚克羊（Baerchuke sheep）属肉脂兼用粗毛型绵羊地方遗传资源，2010年通过国家畜禽遗传资源委员会鉴定。

（一）原产地

巴尔楚克羊原产于新疆巴楚县，多集中在巴楚县的阿纳库勒乡、多来提巴格乡、夏马勒乡及夏马勒牧场，是当地农牧民经长期自繁自育和风土驯化而成的一个地方优良种群。中心产区位于北纬77°22′—79°56′、东经38°47′—40°17′，地处新疆西南部、塔里木盆地和塔克拉玛干沙漠西北缘。产区属沙漠极端干旱气候。农区海拔1 100～1 200m。年平均气温11.8℃，最高气温42.7℃，最低气温－24.2℃。无霜期213d。年平均降水量54mm，蒸发量2 176mm，相对湿度42.0%。年平均日照时数4 434h，年平均风力 6 级。

产区农业较发达，主要农作物有小麦、玉米、棉花、胡麻和向日葵等，饲料作物有紫花苜蓿、饲用玉米、饲用甜菜。

（二）外貌特征

巴尔楚克羊全身被毛白色，眼圈、嘴轮、耳尖多有黑斑。被毛异质，无髓毛含量高。体质结实，头清秀，略呈三角形，额微凸，鼻梁微隆，耳小，半下垂。公母羊均无角。颈下有长毛，胸较窄，背腰平直，较长，后躯肌肉丰满呈圆筒状。四肢较高，肢势端正，蹄质结实。属短脂尾，尾短下垂，其尾形有三角形、萝卜形和 S 形。该羊耐热、耐盐碱、耐潮湿、耐粗饲，能适应恶劣的气候环境（图 1 - 108、图 1 - 109）。

图 1 - 108　巴尔楚克羊公羊　　　　　　图 1 - 109　巴尔楚克羊母羊

（三）品种特性

巴尔楚克羊性成熟年龄，公羊 6~7 月龄，母羊 5~6 月龄。初配年龄均为 12~14 月龄。母羊发情周期平均为 17d，发情持续期平均为 34h，妊娠期平均为 150d，平均产羔率 105.7%。初生重，公羊平均为 3.8kg，母羊平均为 3.7kg。断奶日龄平均为 90d。断奶重，公羊平均为 25.6kg，母羊平均为 22.0kg。一年四季放牧，发情季节明显。一般在秋季发情配种。初配年龄为 l2 月龄。成年公、母羊体重分别为（72.15±9.63）kg和（47.73±5.74）kg。周岁公羊胴体重为（15.05±2.24）kg，眼肌面积为（9.94±1.24）cm²，屠宰率平均为 46.34%，净肉率平均为 34.86%；周岁母羊分别为（14.43±1.98）kg，（10.46±1.67）cm²，46.46% 和 33.45%。

巴尔楚克羊羊毛属于异质半粗毛，是制毡、毛毯和地毯的原料。毛纤维由粗毛、绒毛、两型毛（无髓毛和有髓毛），以及干、死毛组成。两型毛细度 44~46 支，油汗适中，毛丛自然长度 14cm 以上，净毛率 58%~60%。巴尔楚克羊年剪毛 2 次，一般在春、秋两季。年平均剪毛量，成年公羊 3.5kg，成年母羊 2.8kg。被毛稀，腹毛差（图 1 - 110）。

图 1 - 110　巴尔楚克羊群体

（四）利用与评价

20 世纪 70 年代，巴尔楚克羊数量已达到 25 万只，后受杂交改良的影响，数量迅速下降到 9 万只。近 5 年来，随着市场的变化，数量不断增加，品质也有所提高。巴尔楚克羊长期坚持自繁自育，选育程度低，群体整齐度较差。1990 年开始有计划地进行选种选配，提纯复壮，并定名为巴尔楚克羊。2006 年制定了《巴尔楚克羊选育标准》及鉴定、整群、建档、淘汰制度，对中心产区的 32 个群体 10 743 只羊进行了随机调查，摸清了巴尔楚克羊的数量、分布、特性和利用现状，并将巴楚县下游 5 个乡镇和 4 个牧场作为保护区，加大保种力度。

（五）营养成分

12 月龄巴尔楚克羊肌肉蛋白质含量平均为 21.52g/100g，嫩度剪切力平均为 28.09N，脂肪含量平均为 9.28g/100g。巴尔楚克羊肉质细腻，蛋白质含量较高，脂肪含量相对较高，纤维较细，系水力较高。微量元素中铁和钙平均含量较高，分别为 15.44mg/kg、3.44mg/kg。氨基酸总含量平均为 20.03g/100g，必需氨基酸含量占总氨基酸的 40.68％。

三十八、罗布羊

罗布羊（Lop sheep）属粗毛型绵羊地方遗传资源。

（一）原产地

罗布羊中心产区在新疆尉犁县的塔里木、墩阔坦、兴平、古勒巴格乡和若羌县吾塔木乡等地，主要分布于沿塔里木河流域的尉犁地区，形成历史无文献可查。产区位于北纬 40°10′—41°39′、东经 84°02′—89°58′，地处新疆中部、塔里木盆地东北边缘，属温带大陆性荒漠气候。平均海拔 887m。年平均气温 11.8℃，最高气温 40.9℃，无霜期 219d。年平均降水量 48mm，蒸发量 2 965mm，相对湿度 56.0%。年平均日照时数 2 968h。

产区为半农半牧区，主要农作物有小麦、棉花，饲料作物有紫花苜蓿、玉米。在干旱炎热的自然条件下，经过牧民长期精细培养，形成体质结实，抗病力强，对蚊、虻、蝇的侵袭适应性强的古老地方绵羊品种。

罗布羊以放牧为主，多以 300~500 只为一群，常年放牧在新疆塔里木河及孔雀河流域的天然草场上。

（二）外貌特征

罗布羊体躯被毛为白色，头、四肢多有黑色或棕色斑点。被毛较粗短。体质结实，结构匀称，体格中等。头较小，清秀，额毛向前弯曲而下垂，鼻梁隆起，两眼微凸，耳中等大、下垂。一般公羊有螺旋形大角，个别母羊有小角。背腰平直，肋骨开张良好。四肢端正，蹄质坚实。短脂尾呈坎形，有向上弯曲的尾尖（图 1 - 111、图 1 - 112）。

图 1 - 111　罗布羊公羊

图 1 - 112　罗布羊母羊

（三）品种特性

罗布羊 8 月龄性成熟，初配年龄为 18 月龄。母羊每年 6—8 月发情，发情周期平均为 17d，妊娠期平均为 150d，年平均产羔率 93% 以上。繁殖率不高，一般每年产羔 1 只。初生重，公羊平均为 2.5kg，母羊平均为 2.0kg。断奶重，公羊平均为 13.5kg，母羊平均为 12.0kg。180 日龄断奶。哺乳期平均日增重，公羊 75.0g，母羊 66.7g。羔羊断奶成活率平均为 85%。周岁公羊体重为（37.89±3.4）kg，周岁母羊为（35.73±2.38）kg。罗布羊成年羊公羊平均产毛量为 1.2kg，成年母羊平均产毛量为 0.98kg。公、母羊净毛率分别为 76.41% 和 61.96%。据测定，12 月龄的 10 只公羊，平均宰前重为（44.6±4.78）kg、胴体重为（16.83±3.05）kg、眼肌面积为（2.87±0.79）cm²、屠宰率为 37.8%、净肉率为 27.75%；母羊上述指标相应为（40.15±3.58）kg、（15.13±

1.55）kg、（2.76±0.52）cm²、37.79%、27.52%（图 1 - 113）。

图 1 - 113　罗布羊群体

（四）利用与评价

罗布羊具有遗传性能稳定、体格中等、适宜在荒漠半荒漠草场上放牧、耐粗饲、抗逆性强、放牧育肥能力好等优点，并对恶劣环境具有很强的适应能力。今后应以本品种选育为主，进一步提纯复壮，提高产肉性能。

（五）营养成分

暂无。

三十九、吐鲁番黑羊

吐鲁番黑羊（Turfan black sheep）又名托克逊黑羊，属肉脂兼用粗毛型绵羊地方遗传资源。2007 年，纯种吐鲁番黑羊存栏量 8.26 万只。2008 年末，吐鲁番黑羊存栏量 9.27 万只。2010 年，吐鲁番黑羊通过国家遗传资源委员会鉴定。经过上百年的时间，在长期选育下形成了具有适应夏季酷热、冬季严寒、多风沙的吐鲁番盆地气候，耐受粗纤维多、木质化强、多刺的、耐盐碱抗干旱的牧草植物，且能快速增膘和生长迅速等特点的优良地方绵羊品种。

（一）原产地

吐鲁番黑羊中心产区在吐鲁番市托克逊县的伊拉湖乡、博斯坦乡、克尔碱镇。分布在吐鲁番盆地的吐鲁番市、托克逊县、鄯善县。产区位于北纬 41°21′—43°18′、东经 87°14′—89°14′，地处吐鲁番盆地西部、喀拉乌成山和库鲁克塔格山之间。属温带大陆性极端干旱荒漠气候。海拔 1 600～4 338m。年平均气温 13.8℃，最高气温 48℃，无霜期 276d。年平均降水量 7mm，蒸发量 3 744mm。年平均日照时数 3 044h。年平均大风天气 108d，最大风力 12 级。

（二）外貌特征

吐鲁番黑羊被毛纯黑色，个别羊体躯为黑棕色，头部白色者极少。羔羊毛色纯黑，随着年龄增长毛色逐渐变浅。被毛异质，干、死毛较多，部分毛束形成小环状毛辫。体质结实、结构匀称、体格中等。头中等大，耳大下垂。公羊鼻梁隆起，大多有螺旋形大角。母羊鼻梁稍隆起，多数无角。额有额毛。颈中等长，胸宽深，背平直，身躯较短而深，肋骨拱圆，十字部稍高于鬐甲，后躯较发达。四肢结实，肢势端正，蹄质坚硬。属短脂尾，被毛较粗，尾部呈 ω 形，下缘中部有一浅沟，将尾分为两半（图 1-114、图 1-115）。

图 1-114　吐鲁番黑羊公羊

图 1-115　吐鲁番黑羊母羊

（三）品种特性

吐鲁番黑羊 4～6 月龄性成熟。母羊初配年龄 17～18 月龄。母羊发情季节为 9—11 月，发情周期平均为 17d，妊娠期平均为 150d，产羔率平均为 100.6％。初生重，公羊平均为 4.4kg，母羊平均为 4.1kg。断奶重，公羊平均为 33.5kg，母羊平均为 30.6kg。120 日龄断奶哺乳期日增重，公羊平均为 279.2g，母羊平均为 255.0g。羔羊断奶成活率平均为 98％。成年公羊平均重 63.34kg，成年母羊平均重 52.98kg。公羊胴体重平均为 13.26kg，屠宰率平均为 41.74％，净肉率平均为 63.49％，是偏瘦肉型地方羊遗传资源。

吐鲁番黑羊羔羊品质优、成活率高，单羔率平均为 99.35％，双羔率平均为 0.64％，断奶后羔羊自然成活率 98％，并且吐鲁番黑羊的抓膘能力和泌乳性能较好（图 1-116）。

图 1-116　吐鲁番黑羊群体

（四） 利用与评价

吐鲁番黑羊对高温干旱生存环境适应性极强，适宜半放牧半舍饲，采食性能好，抗病力强，抗寒耐寒，遗传性能稳定，产肉性能较好，毛质较好。今后应加大保种力度，着重提高产肉性能及繁殖率。

（五） 营养成分

吐鲁番黑羊肌肉中蛋白质含量平均为 20.92g/100g，含水量平均为 75.67g/100g，肌内脂肪含量平均为 6.75g/100g，灰分含量平均为 1.19g/100g，pH 平均为 5.86，嫩度剪切力平均为 50.52N，肌纤维直径平均为 $19.46\mu m$，肌纤维横截面积平均为 $802.54\mu m^2$，单不饱和脂肪酸、多不饱和脂肪酸平均含量分别为 42.41％和 5.35％。

四十、乌冉克羊

乌冉克羊（Wuranke sheep）属肉脂兼用型绵羊地方遗传资源。

（一） 原产地

乌冉克羊具有喀尔喀蒙古羊血统，主要分布在内蒙古锡林郭勒盟阿巴嘎旗北部地区的吉尔嘎朗图、百音图嘎、青格勒宝力格、伊和高勒和额尔敦高毕等 5 个苏木。中心产区阿巴嘎旗位于锡林郭勒盟中北部。产区属中温带干旱、半干旱大陆性气候。海拔 960～1 500m。年平均气温 1.3℃，无霜期 101～130d。年平均降水量 249.5mm，蒸发量 1 200～1 350mm。年平均日照时数 2 930～3 350h。年平均风速 4.5～5m/s。目前，乌冉克羊存栏量达到 7.4 万只。

据考证，该品种羊随乌冉克人的迁徙而引入，是在当地特定的生态环境条件下，经过长期自然选择和人工选择而形成的一个地方良种。乌冉克羊有其特定的遗传特性，既不属于水草丰美的生态型乌珠穆沁羊，也不同于半荒漠、戈壁生态型的苏尼特羊，而是喀尔喀蒙古羊系统中的一个地方类型，属脂尾肉羊粗毛羊。素以体大、瘦肉多、抗逆性强、肉质优良而著称。

（二） 外貌特征

乌冉克羊体躯被毛为白色，头颈部多为有色毛，被毛厚密而多绒，黑花头、黄花头居多。体质结实，结构匀称，体格较大。头略小，额部较宽，鼻梁隆起，眼大而凸出，多数头顶毛长而密。部分羊有角，母羊角纤细，公羊角粗壮。种公羊的颈部粗毛发达，毛长 20～30cm。四肢端正，蹄质坚硬，蹄踵挺立，蹄冠明显鼓起，蹄围较大，有独特的对抗雪灾的性能。短脂尾，尾宽略大于尾长，呈圆形或椭圆形，肥厚而充实，尾中线有纵沟，尾尖细小，向上卷曲，紧贴于尾端纵沟（图 1-117、图 1-118）。

图1-117 乌冉克羊公羊

图1-118 乌冉克羊母羊

（三）品种特性

乌冉克羊公、母羊均在5～6.5月龄性成熟，公、母羊适配年龄为2.5岁。公羊利用年限为6年。母羊多集中在9—11月发情。发情周期17～18d。妊娠期平均为150d。年平均产羔率在113.4%。羔羊断奶成活率平均为99.81%。初生重，公羊平均为4.5kg，母羊平均为3.97kg。断奶重，公羊平均为36.42kg，母羊平均为34.15kg。成年公羊体重为（77.34±10.59）kg，成年母羊为（60.16±6.96）kg；成年羯羊胴体重为（44.05±3.74）kg，内脏脂肪重为（14.55±1.61）kg，净肉重为（40.04±3.79）kg，净肉率平均为48.49%，屠宰率平均为53%。

乌冉克羊具有多肋骨、多腰椎的形态学特征。根据对吉尔嘎郎图、伊和高勒和额尔敦高毕3个苏木16个自然群、794只羊的调查，多肋（14对）的羊有150只，占18.9%。

（四）利用与评价

乌冉克羊具有适应性强、体大结实、生长发育快、抓膘保膘能力强、产肉率高、瘦肉多等特点，是我国绵羊品种中一个宝贵的遗传资源。但乌冉克羊也存在类型不一、个体间品种差异大等缺点。在今后工作中，应从选种工作着手，抓好后备公羊的选留和培育，积极改善群体的一致性，不断提高群体质量，着力巩固主要经济性状的遗传性（图1-119）。

图1-119 乌冉克羊群体

（五）营养成分

暂无。

四十一、欧拉羊

欧拉羊（Oula sheep）属古老的藏系羊品种，因甘肃省玛曲县和青海省贵南县接壤地区的欧拉山而得名。

（一）原产地

欧拉羊主产于甘肃省甘南藏族自治州玛曲县、青海省海南藏族自治州贵南县、四川省阿坝藏族羌族自治州阿坝县贾洛乡，是藏系绵羊品种。体型高大，成年公羊体重平均75kg，母羊体重平均60kg，远高于一般羊种。该羊耐高寒、生长快、肉质细腻、肉味鲜美。

产区地处青藏高原东北边缘，海拔3 400～4 800m，气候为高原大陆性气候，高寒阴湿，气候恶劣，四季不分明，春、冬长而寒冷，夏、秋短而凉爽，昼夜温差大。平均气温0.5～14.6℃，降水量615.5mm，相对湿度40%～80%，无绝对霜期。产区主要为高山草甸草场，亚高山灌丛草甸草场和高山草甸草场。牧草每年于4月下旬萌发，5月下旬返青，生长期5个月。欧拉羊对上述条件有很强的适应性。另外，据测定甘肃省欧拉镇及其周围地区土壤中硒含量极低，凡引进的畜种均需要补给亚硒酸钠；否则，会发生白肌病。但欧拉羊和牦牛不会发病，具有很强的在缺硒地区生存的能力。目前，甘肃和青海两省欧拉羊总数在150万只以上。

（二）外貌特征

欧拉羊体格高大，体质结实，四肢端正、较长，身体似长方形，背腰较宽平，胸深，后躯发育好，十字部略高于体高，具有明显的肉羊体型特征。头大而狭长，鼻梁高隆，眼微凸，前胸有黄褐色"胸毛"。体躯被毛短粗，以白绒毛为主，无毛辫，干、死毛含量高。公羊角长而粗壮，呈螺旋状向左右平伸或微向前，角尖向外，角尖距离较大，角楞呈方形、粗壮，角基向前向下延伸；母羊角宽扁而厚实，多呈倒"八"字螺旋形。赵有璋等（1977）研究发现，在2 242只母羊中，全白者占0.67%，体白者占11.95%，体杂者占86.44%，全黑者占0.94%（图1-120、图1-121）。

（三）品种特性

欧拉羊被毛稀，死毛多，头、颈、尾、腹和四肢均覆盖短刺毛。在成年母羊的毛被中，无髓毛占39.03%，两型毛占25.44%，有髓毛占7.41%，死毛占28.12%。剪毛量，成年公羊平均为1.0kg，成年母羊平均为0.86kg，净毛率平均为76%。6月龄公羊平均体重为35.14kg，母羊为31.44kg；1.5岁公羊平均体重为48.09kg，母羊为52.76kg；成年公羊平均体重为66.82kg，成年母羊为52.76kg。1.5岁羯羊胴体重平均为18.05kg，内

图1-120 欧拉羊公羊

图1-121 欧拉羊母羊

脏脂肪重平均为0.74kg，屠宰率平均为47.81%；成年母羊胴体重平均为25.83kg，内脏脂肪重平均为2.15kg，屠宰率平均为48.1%；成年公羯羊上述指标相应为30.75kg、2.09kg、54.19%。欧拉羊繁殖率不高，每年产羔1次，在多数情况下每次产羔1只（图1-122）。

图1-122 欧拉羊群体

（四）利用与评价

欧拉羊体格高大，早期生长发育快，肉用性能突出，是我国乃至世界海拔3 000m以上高寒地区优秀的肉用绵羊品种，是我国羊产业中宝贵的遗传资源。在坚持以本品种选育为主的前提下，积极选择、培育和推广使用优秀种公羊，不断提高种群质量，提高羊群整齐度。同时，改善饲养管理条件，提高羊肉、羊毛等羊产品品质，生产大批无公害羊产品，为产区经济振兴、产区各族群众生活水平的提高，以及为我国现代肉羊产业发展做出积极贡献。

（五）营养成分

暂无。

四十二、苏尼特羊

苏尼特羊（Sunite sheep）又称戈壁羊，属肉脂兼用粗毛型绵羊地方品种。1986 年，被锡林郭勒盟技术监督局批准为地方良种。1997 年，由内蒙古自治区人民政府正式命名。

（一）原产地

苏尼特羊属蒙古绵羊系统中的一类肉用地方良种。中心产区位于内蒙古自治区锡林郭勒盟的苏尼特左旗和苏尼特右旗。乌兰察布市的四子王旗、包头市的达茂旗和巴彦淖尔市的乌拉特中旗也有分布。中心产区位于北纬 42°58′—45°06′、东经 111°12′—115°12′，地处锡林郭勒盟西北部，北部地形偏高。属中温带半干旱大陆性气候。海拔 1 000～1 300m。年平均气温 3.3℃，最高气温 39.3℃，无霜期 148d。年平均降水量 197mm。年平均日照时数 3 177h。年平均风沙日 110d，风力平均 4 级左右。

苏尼特羊在苏尼特草原特定生态环境中经过长期自然选择和人工选择而形成。具有耐寒、抗旱、生长发育快、生命力强的特点，是最能适应荒漠半荒漠草原的一个肉用地方良种。

（二）外貌特征

苏尼特羊体躯被毛为白色，头颈部、腕关节和飞节以下、脐带周围有有色毛。体质结实，骨骼粗壮，结构均匀，体格较大。头大小适中。眼大明亮，略显狭长。额较宽。鼻梁隆起。耳小，呈半下垂状。多数个体头顶毛发达。个别母羊有角基，部分公羊有角且粗壮。胸宽而深，肋骨开张良好，背腰宽平，体躯宽长，呈长方形，尻稍斜，稍高于鬐甲。种公羊颈部发达，毛长达 15～30cm。后躯发达，大腿肌肉丰满，四肢强壮有力。脂尾小，呈纵椭圆形，中部无纵沟，尾端细而尖且向一侧弯曲（图 1 - 123、图 1 - 124）。

（三）品种特性

苏尼特羊公、母羊 5～7 月龄性成熟，初配年龄为 1.5 周岁。属季节性发情，多集中在 9—11 月。母羊发情周期 15～19d，妊娠期 144～158d。年平均产羔率 113％。羔羊成活率平均为 99％。初生重，公羊平均为 4.4kg，母羊平均为 3.9kg。断奶重，公羊平均为 36.2kg，母羊平均为 34.1kg。成年公羊平均体重 78.83kg，成年母羊 58.92kg；育成公羊平均体重 59.13kg，育成母羊 49.48kg。该羊产肉性能好，10 月龄成年羯羊、18 月龄羯羊和 8 月龄羔羊屠宰时，平均胴体重分别为 36.08kg、27.72kg 和 20.14kg；平均屠宰率分别为 55.19％、50.09％和 48.2％；平均瘦肉率分别为 70.6％、70.52％和 69.95％。

图1-123　苏尼特羊公羊　　　　　图1-124　苏尼特羊母羊

苏尼特羊一年剪 2 次毛，成年公羊平均剪毛量为（1.7±0.3）kg，成年母羊（1.35±0.28）kg，周岁公羊（1.3±0.2）kg，周岁母羊（1.26±0.16）kg。苏尼特羊毛被中无髓毛占 52%～61%，两型毛占 3%～4%，有髓毛占 8%～11%，干、死毛占 28%～33%（图1-125）。

图1-125　苏尼特羊群体

（四）利用与评价

苏尼特羊是一个耐寒、抗旱、耐粗放饲养管理、生长发育快、生命力强、适应性好的地方优良品种。其产肉性能好，瘦肉多，蛋白质含量高，脂肪含量低，膻味轻，用其制作的涮羊肉深受国内外消费者好评，是一个有广阔发展前景的优良品种。随着近年来畜牧业迅速发展，应进一步改善苏尼特羊的饲养管理水平，提高其繁殖力，加强饲草料基地建设，使其生产性能得到进一步提高。

（五）营养成分

12 月龄苏尼特羊通脊肉蛋白质含量平均为 22.64g/100g，含水量平均为 73.68g/

100g，脂肪含量平均为 0.38g/100g，系水力平均为 69.13%，灰分含量平均为 1.39g/100g，pH 平均为 6.03，嫩度剪切力平均为 37N，肌纤维直径平均为 18.92μm，熟肉率平均为 70.36%，干物质含量平均为 26.32g/100g。苏尼特羊肉的关键风味物质包括 1-辛烯-3-醇、庚醛、反-2-辛烯醛、辛醛、反 2-壬烯醛、壬醛、反-2-癸烯醛和癸醛。羊肉中的自由基清除率（radical scavenging ability，RSA）为 58.09%，总抗氧化能力（total antioxidant capacity，T-AOC）为 0.53，油酸：亚油酸比例为 40：1，硬脂酸含量低（11.78%），鲜味氨基酸含量高（22.66mg/100mg），总胶原蛋白中 I 型占 65%～85%、III 型占 18%～25%。苏尼特羊肉蛋白质含量高，肉质细嫩，脂肪含量较低，系水力较好，羊肉香味浓厚、膻味小，营养成分均衡。

四十三、呼伦贝尔羊

呼伦贝尔羊（Hulun Buir sheep）属肉脂兼用型绵羊地方遗传资源。呼伦贝尔羊的育成分为 2 个阶段。第 1 阶段（1945—1980 年）是从古老品种向培育品种过渡的自然选择阶段；第 2 阶段（1981—2002 年）为新品种培育的人工选育阶段。1981 年，由呼伦贝尔盟畜牧工作站和呼伦贝尔盟畜牧兽医科学研究所联合研究，并确定本品种选育提高的育种方法，掀起了群众性的育种工作。随后多次组织召开育种工作会议，1985 年成立了呼伦贝尔盟家畜育种委员会；1995 年成立了呼伦贝尔羊育种委员会，进一步确定了本品种选育提高的育种方针，制订了本品种选育技术路线、实施方案，采取选种选配、品系繁育和改善饲养管理条件等技术措施。尤其是 1998 年呼伦贝尔羊选育工作被列入内蒙古自治区牲畜"种子工程"重点建设项目，在呼伦贝尔盟建立了原种场，牧业四旗相继成立了扩繁场，并加强了育种核心群和选育群的建设力度，形成了四级育种体系。2002 年选育成功，并由自治区人民政府正式命名为呼伦贝尔羊。

（一）原产地

呼伦贝尔羊分布于内蒙古自治区呼伦贝尔市的新巴尔虎左旗、新巴尔虎右旗、陈巴尔虎旗和鄂温克族自治旗境内，是在广大畜牧工作者和牧民的艰苦努力下，经过长期自然选择和人工选育而形成的短脂尾型肉用绵羊品种。

产区呼伦贝尔市位于北纬 47°05′—53°20′，东经 115°31′—126°04′，为高原型地貌。属寒温带和中温带大陆性季风气候。年平均气温 −5～2℃，最高气温 35℃，最低气温 −42℃，昼夜温差大。无霜期 81～150d，积雪期 200d 左右，平均积雪厚度达 25cm。年降水量 200～300mm。年平均日照时数 2 500～3 100h。年平均风沙日 110d，风力平均 4 级左右。育种区由东向西横跨草甸草原、典型草原和荒漠草原 3 个地带。冬季寒冷漫长，夏季温凉短促。枯草期长达 210d。

据统计，1996—2001 年，草原牧区累计出栏羔羊 239 万只。2002 年，符合标准的呼伦贝尔羊达 124.2 万只，其中基础母羊 67.8 万只。2004 年 333.55 万只，其中基础母羊群 196.79 万只。2008 年 350 万只，其中基础母羊群 198 万只。

（二）外貌特征

呼伦贝尔羊被毛为白色，部分羊头、颈、四肢有黑、黄、灰等杂色。体质强壮，结构匀称，体格大，皮肤紧致而富有弹性。头大小适中，鼻梁微隆，耳小、呈半下垂状，眼大而凸出。部分公羊有褐色的螺旋形角，母羊均无角。胸部宽深，肋骨开张良好，背腰平直，体躯呈长方形。四肢结实，蹄质坚实。有半椭圆状尾（巴尔虎类型）和小桃状尾（短尾类型）两种类型。后躯发达，大腿肌肉丰满（图1-126、图1-127）。

图1-126 呼伦贝尔羊公羊 　　　　图1-127 呼伦贝尔羊母羊

（三）品种特性

呼伦贝尔羊公、母羊5～7月龄性成熟，初配年龄为1.5周岁。属季节性发情，多集中在9—11月。母羊发情周期15～19d，妊娠期144～158d。年平均产羔率113%，羔羊成活率平均为99%。初生重，公羊平均为4.5kg，母羊平均为3.7kg。断奶重，公羊平均为37.0kg，母羊平均为33.9kg。成年公羊平均体重82.1kg，母羊62.5kg，平均日增重150～250g；成年羯羊宰前活重平均为71.6kg，胴体重平均为36.2kg，净肉重平均为31.2kg，净肉率平均为42.9%，平均屠宰率53.8%。育成羯羊上述指标相应为52.3kg、24.8kg、21.1kg、40.3%和47.4%；8月龄羯羊相应为39.4kg、18.2kg、15.1kg、38.3%和46.2%。呼伦贝尔羊年剪毛1次。成年公、母羊剪毛量分别为1.52kg和1.14kg。被毛中绒毛占54%～61%，两型毛占5%～7%，粗毛占9%～12%，干、死毛占24%～28%。对严酷的环境条件有较好的适应性，抗逆性强，发病率低。在大雪覆盖达20cm的雪地里能长时间刨雪吃草，维持生命。

呼伦贝尔羊，肉无膻味，肉质鲜美，营养丰富。据内蒙古农牧业渔业生物实验研究中心检验，呼伦贝尔羊羊肉化学成分中，脂肪酸的不饱和程度低，脂肪品质好。肌肉的脂肪酸主要由豆蔻酸、软脂酸、硬脂酸、油酸和亚麻酸组成，占91.5%。各种氨基酸含量较高，特别是谷氨酸和天门冬氨酸的相对含量比其他羊肉高，使呼伦贝尔羊羊肉鲜美可口（图1-128）。

图 1 - 128 呼伦贝尔羊群体

（四） 利用与评价

呼伦贝尔羊新品种的选育成功，是本地区由传统畜牧业向现代化畜牧业迈进的一个重要标志，对提高绵羊品种质量、加快肉羊产业化发展、保护和建设呼伦贝尔草原生态环境发挥了重要作用。

呼伦贝尔羊拉动了草原肉羊产业发展，使培育科技成果尽快地转化为生产力，提高了经济效益。但育种工作并未因此而结束，而是进入了新的更高的阶段。其生产性能与国外先进水平相比，尚有很大差距，主要是优秀种公羊数量不足，且利用率不高，科技创新水平低，科技成果转化为生产力还不够迅速，养羊的设施设备还需要改善等，这些问题都有待于在今后的工作中认真研究，迅速解决。

目前，呼伦贝尔羊形成了体格大、产肉性能好、高瘦肉率、高蛋白质、低脂肪的优良特性。因其肉质鲜美，富有人体所需的多种氨基酸和脂肪酸，是制作"涮羊肉"和"手扒肉"的优良原料，深受消费者青睐。

（五） 营养成分

呼伦贝尔羊肌肉中蛋白质含量平均为 19.76g/100g，水分含量平均为 61.67%，脂肪含量平均为 2.46g/100g，灰分含量平均为 0.90g/100g，脱水脱脂干物质含量平均为 85.51%，必需氨基酸（EAA）含量平均为 35.45%，其中赖氨酸含量最高，占总氨基酸的 8.64%；非必需氨基酸（NEAA）含量平均为 45.53%，谷氨酸含量最高占 13.69%，EAA 占 TAA（E/T）的 41.46%，与 NEAA 比值（E/N）为 0.78，高于 WHO/FAO 规定的 40%，E/N 为 0.6，5 种鲜味氨基酸（谷氨酸、天门冬氨酸、丙氨酸、精氨酸和甘氨酸）占总氨基酸的 44.95%，其中谷氨酸（16%）为主要鲜味物质，羊肉中短链脂肪酸 $C_{10:0}$ 极少，$C_{18:0}$ 和 $C_{18:3}$ 占总脂肪酸的 22%，胆固醇含量平均为 38.24mg/100g，表明该品种羊肉风味鲜美，膻味不明显。

第二节 我国培育品种

一、新疆细毛羊

新疆细毛羊（Xinjiang Merino），是我国培育的第 1 个毛肉兼用细毛羊品种。1954年，由巩乃斯种羊场等单位用高加索细毛羊公羊与哈萨克母羊、泊列考斯公羊与蒙古羊母羊进行复杂杂交培育而成。新疆细毛羊 1989 年被收录于《中国羊品种志》。1981 年 2 月发布了《新疆细毛羊》国家标准（GB 2426—1981）。

（一）原产地

新疆细毛羊原产于新疆维吾尔自治区伊犁地区巩乃斯种羊场。中心产区位于新疆维吾尔自治区伊犁哈萨克自治州、塔城地区、博尔塔拉蒙古自治州。该品种适于干燥寒冷高原地区饲养，具有采食性好、生活力强、耐粗饲等特点，已推广至全国各地。

（二）外貌特征

新疆细毛羊被毛白色。公羊大多有螺旋形大角，鼻梁微隆起，颈部有 1～2 个完全或不完全的横皱褶。母羊无角，鼻梁呈直线形，颈部有 1 个横皱褶或发达的纵皱褶。胸部宽深，背腰平直，体躯长深无皱褶，后躯丰满，肢势端正（图 1-129、图 1-130）。

图 1-129　新疆细毛羊公羊　　　　　　　图 1-130　新疆细毛羊母羊

（三）品种特性

新疆细毛羊 8 月龄性成熟，公母羊初配年龄为 1.5 岁。母羊发情周期平均为 17d，发情持续期 24～48h，妊娠期平均为 150d。经产母羊产羔率平均为 130%。体型较大，公羊体重 85～100kg，母羊体重 47～55kg。

新疆细毛羊的种公羊毛长平均为 11.2cm，成年母羊毛长平均为 8.24cm，幼龄母羊毛长平均为 8.2cm。成年种公羊平均产毛量 12.42kg，净毛重 6.32kg，净毛率 50.88%。成年母羊年平均产毛量 5.46kg，净毛重 2.95kg，净毛率 52.28%。幼龄公羊年均产毛量 4.89kg，净毛量 2.49kg，净毛率 51.01%。幼龄母羊年均产毛量 4.17kg，净毛量 2.46kg，净毛率 52.15%。

新疆细毛羊羊毛，其细度、强度、伸长度、弯曲度、密度、油汗和色泽等方面，都达到了很高的标准。1995 年，伊犁巩乃斯种羊场 2.3 万只细毛羊平均净毛产量高达 3.32kg，毛长 9.98cm，创造了国内育种场细毛羊大群平均净毛单产的最高纪录，获农业部颁发的农业丰收奖和全国农垦系统羊毛最高单产奖（图 1-131）。

图 1-131 新疆细毛羊群体

（四）利用与评价

新疆细毛羊曾经创造过辉煌。早在 20 世纪 30 年代初期，新疆就开始了细毛羊育种工作，经过各族农牧民和广大科技工作人员半个世纪的不懈努力，先后培育出新疆毛肉兼用型细毛羊和中国美利奴（新疆型）细毛羊。这一优良品种的诞生，填补了我国没有细毛羊的空白。新疆细毛羊产业成为我国毛纺工业的一个支柱。

然而，随着市场需求的不断变化，新疆细毛羊发展与市场需求的矛盾凸现，加之人民生活的改善，对肉的需求量增大，形成了肉毛比价的不合理，这些因素严重影响了广大农牧民饲养细毛羊的积极性。自 1992 年以来，新疆细毛羊出现了严重的倒改（用土种羊改良细毛羊）问题，导致细毛羊数量不断减少和整体生产水平下降。采取有效措施，遏制细毛羊倒改趋势，是摆在各级政府和畜牧部门面前一个刻不容缓的问题。要使新疆细毛羊走出困境，就必须加快新疆细毛羊内部结构的调整，走以质取胜的道路，实现新疆细毛羊产业全面振兴发展。

二、中国美利奴羊

中国美利奴羊（Chinese Merino）简称中美羊，属毛用细毛羊培育品种。1985 年 12 月通过农业部新品种验收，正式命名为"中国美利奴羊"，并分为中国美利奴羊新疆型、军垦型、内蒙古科尔沁型和吉林型。中国美利奴羊由新疆、内蒙古、吉林联合育种培育而成于 1989 年收录于《中国羊品种志》。

（一）原产地

中国美利奴羊由新疆的巩乃斯种羊场、新疆生产建设兵团紫泥泉种羊场、内蒙古的嘎达苏种畜场和吉林的查干花种羊场育成。主要分布于新疆、内蒙古和东北三省。新疆生产建设兵团紫泥泉种羊场位于新疆天山北麓中段北坡的前山、中山和高山带。山区天然草场垂直分布，从海拔 800m 到雪线以下地带都有分布。降水多，空气湿润，草场植被生长较好。春、秋草场和冬季草场年降水量为 300～400mm，年平均气温为 4℃左右，无霜期为 150～160d。海拔在 800m 左右的春、秋及冬季草场植被主要由禾本科牧草组成，夏季草场，主要分布在海拔 2 200～3 500m 的高山，主要为高山杂草草甸草原，草地繁茂，利用时间仅有 80d 左右。中国美利奴羊全年以放牧为主，冬春季补饲。嘎达苏种畜场位于内蒙古通辽市科尔沁丘陵草甸草原，海拔为 268～400m。年平均气温为 6℃，降水量为 382mm，无霜期为 130～140d。土壤为栗钙土、沙壤土和盐碱土。草场植被多属半干旱草原植被。牧草种类较多，有 170 余种，其中禾本科和豆科占 26.8%，菊科、百合科和沙草科等占 32.6%，其他占 40.6%。羊群以放牧为主，冬春补饲。查干花种羊场位于吉林省白城地区前郭尔罗斯蒙古族自治县境内，海拔为 151m。年平均气温为 4～6℃，降水量为 400～500mm，无霜期为 125～135d。土壤为灰沙土。植被为贝加尔针茅、兔毛蒿、杂草类。坨甸草原，草场产草量高，牧草品质好。

（二）外貌特征

中国美利奴羊被毛白色，呈毛丛结构，闭合性良好，密度大，全身被毛有明显的大、中弯曲。体质结实，体型呈长方形。公羊有螺旋形角，母羊无角，公羊颈部有 1～2 个皱褶或发达的纵皱褶。鬐甲宽平，胸宽深，背长直，尻宽而平，后躯丰满，欣部皮肤较松。四肢结实，肢势端正。头毛密长，着生至眼线；毛被前肢着生至腕关节，后肢至飞节；腹部毛着生良好，呈毛丛结构（图 1-132、图 1-133）。

图 1-132　中国美利奴羊公羊

图 1-133　中国美利奴羊母羊

（三）品种特性

中国美利奴羊产羔率为 117%～128%。成年公羊平均体高、体长、胸围和体重分别为（72.5±2.3）cm、（77.5±4.7）cm、（105.9±4.3）cm、91.8kg，成年母羊分别为（66.1±2.5）cm、（71.7±1.8）cm、（88.2±5.2）cm、43.1kg。中国美利奴羊公羊与各地细毛羊杂交，对体型、毛长、净毛率、净毛量、羊毛弯曲、油汗、腹毛的改善均有显著效果，表明其遗传性较稳定，对提高我国现有细毛羊的毛被品质和羊毛产量具有重要作用（图 1 - 134）。

图 1 - 134　中国美利奴羊群体

（四）利用与评价

中国美利奴羊具有体型好、适宜放牧、净毛率高、羊毛品质优良等特点，是我国利用澳洲美利奴羊培育出的有代表性的细毛羊品种。今后应加强本品种选育，不断提高羊毛产量，改善羊毛品质，并着重肉用性能的开发和利用。

第三节　我国引进的肉羊品种

一、德国肉用美利奴羊

德国肉用美利奴羊（German mutton Merino）简称德美羊，属肉毛兼用细毛羊引入品种。

（一）原产地

原产于德国萨克森州，是用泊列考斯和莱斯特品种公羊与德国原有的美利奴羊杂交培育而成的。1958 年以后多次引入我国，主要分布于江苏、安徽、甘肃、新疆、内蒙古、黑龙江、吉林、山东、山西等地。

（二）外貌特征

德国肉用美利奴羊被毛白色，密而长，弯曲明显。体质结实，结构匀称，头颈结合良好，臀部宽广，肌肉丰满，四肢坚实，体躯长，胸深宽，背腰平直，后躯发育良好。该品种早熟，羔羊生长发育快，产肉多，繁殖力高，被毛品质好。公、母羊均无角，颈部及体躯皆无皱褶（图1-135、图1-136）。

图1-135　德国肉用美利奴羊公羊　　　　图1-136　德国肉用美利奴羊母羊

（三）品种特性

肉用美利奴羊在世界优秀肉羊品种中，是唯一具有除个体大、产肉多、肉质好的优点外，还具有毛产量高、毛质好的特性，是肉毛兼用最优秀的父本。成年公羊体重为100～140kg，母羊为70～80kg。羔羊生长发育快，日增重300～350g，130d可屠宰，活重可达38～45kg，胴体重8～22kg，屠宰率47%～51%。具有高的繁殖力，性早熟，12月龄以前就可第1次配种，产羔率为135%～150%。母羊母性好，泌乳性能好，羔羊死亡率低（图1-137）。

图1-137　德国肉用美利奴羊群体

（四） 利用与评价

德国肉用美利奴羊适于舍饲半舍饲和放牧等各种饲养方式，是世界著名的羊品种。当前，除进行纯种繁殖外，还与细毛杂种羊和本地羊杂交，后代生长发育快，产肉性能好，是专业化养羊和家庭养羊的首选品种。

二、澳洲美利奴羊

澳洲美利奴羊（Australian Merino）属毛用细毛羊引入品种。我国从 1892 年开始引进澳洲美利奴羊。现有羊群是 1972 年开始从澳大利亚引进的。1980 年之后，细毛羊主产区先后多次引进澳洲美利奴羊公羊，主要分布于内蒙古、新疆、吉林、青海、辽宁、河北、甘肃等地。1989 年，被收录于《中国羊品种志》。

（一） 原产地

澳洲美利奴羊原产于澳大利亚和新西兰，现已分布于世界各地。在新西兰美利奴羊仅限于南岛的高山干旱乡村，但新西兰许多其他地区也成功放养。这种趋势使美利奴羊的总数量自 1984 年以来增长了 3 倍，达到全国绵羊总量的 6％以上。在高原地区，牧民为生产细支羊毛一直在进行羊种改良。借助羊毛性能的客观检验，细度稳定在 18μm 以下的超细羊毛已可供给商业市场。

（二） 外貌特征

澳洲美利奴羊分超细型、细毛型、中毛型和强壮型，每个类型中又分有角和无角 2 种。超细型：体型近似长方形，体宽，背平直，后躯肌肉丰满，腿短。公羊颈部有 1～3 个横皱褶，母羊有纵皱褶。头毛覆盖至两眼连线，前肢毛着生至腕关节或腕关节以下，后肢毛着生至飞节或飞节以下。腹毛好。细毛型：体格结实，有中等大的身躯，毛密柔软，有光泽。中毛型：体格大毛多，前身宽阔，体型好，毛被长而柔软，油汗充足，光泽好。强壮型：体格大而结实，体型好（图 1 - 138、图 1 - 139）。

图 1 - 138　澳洲美利奴羊公羊

图 1 - 139　澳洲美利奴羊母羊

（三）品种特性

澳洲美利奴羊成年公羊，剪毛后体重平均为90.8kg，剪毛量平均为16.3kg，毛长平均为11.7cm。细度均匀，羊毛细度为20.8～26.4μm，净毛率为48.0%～56.0%。油汗率平均为21.0%。澳洲美利奴羊具有毛被毛丛结构好、羊毛长、油汗洁白、弯曲呈明显大中弯、光泽好、剪毛量和净毛率高等优点（图1-140）。

图1-140 澳洲美利奴羊群体

（四）利用与评价

我国在1892年和1904年曾引进过美利奴羊。1972年，引进澳洲美利奴羊公羊29只，与新疆细毛羊、军垦细毛羊和波尔华斯羊等品种杂交，培育出我国著名的中国美利奴羊。澳洲美利奴羊是世界上最著名的毛用细毛羊品种，以产毛量高、羊毛品质好而垄断国际羊毛市场。为了满足多元化的市场需求，品种内已分化出超细型、细毛型、中毛型和强壮型等多个类型，近几年还出现了毛肉兼用型，甚至肉用类型等。今后应充分发挥澳洲美利奴羊的遗传潜力，进一步提高我国细毛羊羊毛的产量，改善羊毛品质。

三、萨福克羊

萨福克羊（Suffolk sheep）属于肉用羊引入品种。

（一）原产地

原产于英国英格兰东南部的萨福克、诺福克、剑桥和艾塞克斯等地。该品种是以南丘羊为父本，以当地体型较大、瘦肉率高的旧型黑头有角诺福克羊（Norfolk Horned）为母本进行杂交，于1859年培育而成。我国从20世纪70年代起先后从澳大利亚、新西兰等国引进黑头萨福克羊，主要分布在新疆、内蒙古、北京、宁夏、吉林、河北和山西等省份。

（二）外貌特征

萨福克羊体躯主要部位被毛白色，头和四肢为黑色，并且无羊毛覆盖。早熟，生长快，肉质好，繁殖率很高，适应性很强。头短而宽，鼻梁隆起，耳大，公、母羊均无角，颈长、深且宽厚，胸宽，背、腰和臀部长宽而平。肌肉丰满，后躯发育良好（图1-141、图1-142）。

图1-141 萨福克羊公羊

图1-142 萨福克羊母羊

（三）品种特性

萨福克羊体格大、早熟、生长发育快，成年公羊体重100～136kg，成年母羊70～96kg。剪毛量，成年公羊5～6kg，成年母羊2.5～3.6kg，毛长7～8cm，细度50～58支，净毛率60%左右，被毛白色，但偶尔可发现有少量有色纤维。产羔率130%～165%。产肉性能好，经育肥的4月龄公羔胴体重平均为24.2kg，4月龄母羔为19.7kg，并且瘦肉率高，是生产大胴体和优质羔羊肉的理想品种。美国、英国、澳大利亚等国都将该品种作为生产肉羔的终端父本品种（图1-143）。

图1-143 萨福克羊群体

（四） 利用与评价

萨福克羊引入我国后，其杂交改良效果明显。在全年以放牧为主，冬、春季稍加补饲的条件下，与母本蒙古羊和细毛低代杂种羊相比，萨福克羊杂种一代羔羊生长发育快、产肉多，而且适合于牧区放牧育肥。宰杀115只190日龄萨福克一代杂种羯羔并进行测定，宰前活重平均为37.2kg，胴体重平均为18.3kg，屠宰率平均为49.2%，净肉重平均为13.5kg，脂肪重平均为1.1kg，胴体净肉率平均为73.6%。被各引入地作为肉羊生产的终端父本。今后应充分发挥萨福克羊优良性状的作用，促进我国优质肥羔生产。

四、杜泊羊

杜泊绵羊（Dorper sheep）简称杜泊羊，属肉用羊引入品种，是世界著名的肉用绵羊品种。无论是黑头杜泊还是白头杜泊，除了头部颜色和有关的色素沉着不同外，它们都携带相同的基因，具有相同的品种特点。

（一） 原产地

杜泊羊原产地为南非共和国，以南非土种绵羊黑头波斯母羊作为母本，引进英国有角陶赛特羊作为父本杂交培育而成。杜泊羊羔羊生长迅速，断奶体重大，这一点是肉用绵羊生产的重要经济特性。

（二） 外貌特征

根据杜泊羊头颈的颜色，可将其分为白头杜泊和黑头杜泊2种。这2种羊体躯和四肢皆为白色，头顶部平直、长度适中，额宽，鼻梁微隆，无角或有小角根，耳小而平直，既不短也不过宽。颈粗短，肩宽厚，背平直，肋骨拱圆，前胸丰满，后躯肌肉发达。四肢强健而长度适中，肢势端正。杜泊羊分长毛型和短毛型2个品系。长毛型羊生产地毯毛，较适应寒冷的气候条件。短毛型羊被毛（由发毛或绒毛组成）较短，能较好地抗炎热和雨淋。在饲料蛋白质充足的情况下，杜泊羊不用剪毛，因为它的毛可以自动脱落（图1-144、图1-145）。

图1-144　杜泊羊公羊　　　　　　　图1-145　杜泊羊母羊

（三）品种特性

　　繁殖性能好，一个配种季母羊的受胎率相当高，这一点有助于羊群选育，也有利于增加可销售羔羊的数量。母羊的产羔间隔期为 6 个月。公羊 5～6 月龄，母羊 5 月龄性成熟。公羊 10～12 月龄初配，母羊 8～10 月龄初配。母羊四季发情，发情周期 14～19d，发情持续期 29～32h，妊娠期平均 148.6d。母羊初产产羔率平均 132%，第 2 胎 167%，第 3 胎 220%。在良好的饲养条件下，可 2 年 3 产。

　　3.5～4 月龄的杜泊羔羊体重平均可达 36kg，屠宰胴体平均为 16kg，品质优良。羔羊不仅生长快，而且具有早期采食能力。一般条件下，羔羊平均日增重 300g 以上。

　　年剪毛 1～2 次。剪毛量，成年公羊 2～2.5kg，成年母羊 1.5～2kg。被毛多为同质细毛，个别个体为细的半粗毛，毛短而细，春毛平均长 6.13cm，秋毛平均长 4.92cm，羊毛主体细度为 64 支，少数达 70 支或以上。净毛率 50%～55%（图 1-146）。

图 1-146　杜泊羊群体

（四）利用与评价

　　杜泊羊食性广，耐粗饲，抗病力较强，能广泛适应多种气候条件和生态环境，并能随气候变化自动换毛。但在潮湿条件下，易感染寄生虫病。目前在山东、河北、山西、内蒙古、宁夏、新疆等地均有饲养。对炎热、干旱、寒冷等气候条件有良好的适应性。与我国地方绵羊品种杂交，一代杂种增重速度较快，产肉性能明显提高，可作为生产优质肥羔的终端父本和培养肉羊新品种的育种素材。

五、东佛里生乳用羊

　　东佛里生乳用羊（East Friensian milk sheep）是世界上绵羊品种中产奶性能最好的品种。荷兰的佛里生省既是包括荷斯坦奶牛在内的佛里生（黑白花）奶牛的发源地，也是佛里生奶绵羊的发源地之一。

（一）原产地

该品种原产于德国北海沿岸的东佛里生。最初由几个荷兰本地品种和 17 世纪初从几内亚海湾引进的一个品种杂交而成，形成最早的东佛里生品种核心群，17 世纪中叶，东佛里乳用羊性状被固定并出口到立陶宛。我国分别于 2018 年和 2019 年从新西兰引进 707 枚纯种胚胎，2019 年和 2020 年从澳大利亚引进活羊 1 380 只。

（二）外貌特征

该品种体格大，体型结构良好。公、母羊均无角，被毛白色，偶有纯黑色个体出现。体躯宽长，腰部结实，肋骨拱圆，臀部略有倾斜，尾瘦长无毛。乳房结构优良、宽广，乳头良好（图 1-147、图 1-148）。

图 1-147　东佛里生乳用羊公羊　　　　图 1-148　东佛里生乳用羊母羊

（三）品种特性

母羊在 4 月龄达初情期，发情持续时间约为 5 个月，年平均正常发情 8.8 次。

成年公羊活重 90~120kg，成年母羊 70~90kg。成年公羊剪毛量 5~6kg，成年母羊 4.5kg 以上，羊毛同质。成年公羊毛长平均 20cm，成年母羊 16~20cm，羊毛细度 46~56 支，净毛率 60%~70%。成年母羊 260~300d 产奶量 500~810kg，乳脂率 6%~6.5%。波兰的东佛里生乳用羊日产奶平均 3.75kg，最高纪录达到一个泌乳期产奶 1 498kg。欧洲北部的东佛里生乳用羊与芬兰兰德瑞斯羊和俄罗斯罗曼诺夫羊都属于高繁殖率品种，产羔率200%~230%。对温带气候条件有良好的适应性（图 1-149）。

（四）利用与评价

东佛里生乳用羊是经过几个世纪的良好饲养管理和遗传改良培育出的高产奶量品种，其性情温驯，适于用固定式挤奶系统挤奶。这一品种用来与其他品种进行杂交来提高产奶量和繁殖力。有的国家用于培育合成母系和新的乳用品种。

图 1 - 149 东佛里生乳用羊群体

第二章
绵羊生殖生理 ▶▶▶

生殖是动物最基本的生命活动之一，由此确保动物种群的繁衍。从个体上说，生殖过程是短暂的、相对的、并非维持自己生命所必需的，而对于种群来说是永久的、绝对的。种是由每个个体组成，以个体的不断更替而存在，没有繁殖就没有种的存在。

动物繁殖在动物生产中占有重要地位，繁殖学的意义在于研究繁殖的自然规律，以生殖生理学为基础，提出相应的技术措施，保持动物有正常的生殖机能和较高的繁殖能力，进而调控繁殖的某些生理过程。同时，作为育种工作的有力手段，充分发挥良种动物的繁殖潜力和遗传特性，促使其生产性能不断提高。

发展畜牧业的中心任务是增加家畜数量和提高质量。数量的增长依赖于繁殖，质量的提高除改进培育和饲养条件外，也要通过繁殖才能实现。

动物生殖生理，主要研究、阐明动物生殖过程（包括性别分化、配子发生、性成熟、发情、受精、妊娠、胚胎发育、分娩、泌乳及性行为）的现象、规律和机理。

第一节　公羊的生殖系统

公羊生殖系统由睾丸、附睾、输精管、副性腺、尿生殖道、阴茎、包皮、阴囊等组成（图 2 - 1）。

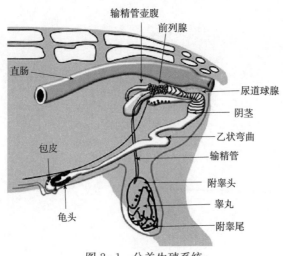

图 2 - 1　公羊生殖系统

一、睾丸

1. 形态结构 正常的睾丸成对存在,胚胎时期,睾丸位于腹腔内,肾附近。出生前才通过腹股沟管下降至阴囊中,这一过程称为睾丸下降,如果一侧或两侧睾丸仍留在腹腔内,称为隐睾。隐睾家畜不宜作种公畜用。

睾丸略呈长椭圆形,两侧稍扁。长轴方向垂直,后缘有附睾附着,称附睾缘;前缘称游离缘,上下两端分别与附睾头和附睾尾相连。睾丸表面覆盖一层浆膜,称固有鞘膜。鞘膜下面为一层致密结缔组织,称白膜。白膜向内分出许多结缔组织的间隔,将睾丸分隔成许多锥体形的小叶,这些间隔在睾丸纵轴处交织成网,称睾丸纵隔。每个小叶有 2~3 条长而弯曲的精小管,精小管之间为间质组织,内有间质细胞。精小管产生精子,间质细胞可分泌雄性激素。精小管在接近纵隔处变直,在睾丸纵隔中互相吻合成网状,称睾丸网。睾丸网在睾丸头处汇合成 10~30 条输出管,穿出睾丸头的白膜,汇入附睾头的附睾管。在重量为 250g 的绵羊睾丸中,精小管的总长度为 7 000m,占睾丸重量的 90%。

2. 功能

(1) 生精功能。精小管的生精细胞经多次分裂后最终形成精子,并储存于附睾。公羊每克睾丸组织平均每天可产生精子 2 400 万~2 700 万个。

(2) 分泌雄激素。间质细胞分泌的雄激素,激发公羊的性欲及性兴奋,维持第二性征,促进阴茎及副性腺的发育,维持精子的发生及附睾内精子的存活。

(3) 产生睾丸液。由精小管和睾丸网产生大量睾丸液。睾丸液含有较高浓度的钙和钠等离子成分和少量蛋白质,主要作用是维持精子的生存、有助于精子向附睾头部移动。

二、附睾

1. 形态结构 附睾为储存精子和精子进一步成熟的场所。紧贴于睾丸的后缘,其上端膨大部称附睾头,由睾丸输出管构成。中间略小,称附睾体,下端稍膨大部称附睾尾,体和尾均由盘曲的附睾管构成,附睾管由睾丸输出管汇合而成。附睾尾借附睾韧带与睾丸相连;借阴囊韧带与阴囊相连。去势时,切开阴囊后必须切断阴囊韧带和睾丸系膜,方能摘除睾丸和附睾。在睾丸的远端,附睾体变为附睾尾,附睾管逐渐过渡为输精管,经腹股沟管进入腹腔(图 2-2)。

2. 功能

(1) 吸收和分泌作用。附睾管吸收大部分睾丸液,使精液浓缩几十倍,减少了钠离子与氯离子的含量,而分泌了一些有机物,以维持一定的渗透压,保护精子及促进精子成熟。

(2) 精子最后成熟的场所。精子进入附睾时,颈部附着有原生质滴,是精子不成熟的表现,在精子通过附睾的过程中,原生质滴后移逐渐消失。附睾管分泌物包裹在精子表

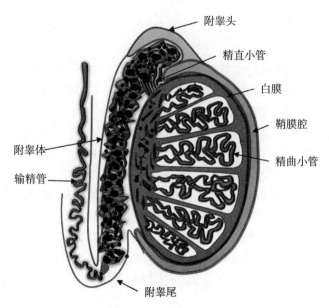

附睾头

精直小管

白膜

鞘膜腔

精曲小管

附睾体

输精管

附睾尾

图 2-2　睾丸构造模式图

面，防止精子膨胀，抵御外界环境的不良影响。

（3）储存精子。公羊附睾内储存的精子在 1 500 亿个以上。附睾管分泌物能够给精子提供营养，其 pH 为 6.2～6.8，同时渗透压较高。附睾温度较低，可抑制精子的活动。精子在其中处于休眠状态，减少了能量消耗。精子在附睾内可以长时间存活。

三、输精管

1. 形态结构　输精管为输送精子的管道。起始于附睾管的末端，沿附睾上行进入精索。经腹股沟管进入腹腔，然后向后内侧伸延入盆腔，被包于膀胱背侧的尿生殖褶内，经精囊腺内侧向后，穿过尿生殖道起始部的背侧壁，开口于精阜。在输精管褶内的一段管壁增厚，形成输精管壶腹。

2. 功能　输精管是生殖道的一部分，射精时，在催产素和神经系统支配下输精管肌肉层收缩，使精子排入尿生殖道。输精管也具有分解吸收死亡和老化精子的作用。

四、副性腺

副性腺包括精囊腺、前列腺和尿道球腺。其分泌物参与构成精液，有稀释、营养精子及改善阴道环境等作用，有利于精子的生存和运动。

1. 形态结构

（1）精囊腺。是 1 对实质性的分叶性腺体，位于膀胱颈背侧的尿生殖褶中，在输精管末端的外侧，其输出管与输精管一起开口于精阜。

（2）前列腺。位于尿生殖道骨盆部的壁内，外表不易看见。前列腺输出管有多条，分成两列，开口于精阜后方的两侧。

（3）尿道球腺。为一对圆形的实质性腺体。位于尿生殖道骨盆部末端背面的两侧，接近坐骨弓处，为尿道肌覆盖。每个腺体只有 1 条输出管，开口于尿生殖道背侧的黏膜。

2. 功能

（1）交配前阴茎勃起时，尿道球腺排出少量分泌物，冲洗尿生殖道中残留的尿液，使精子不受尿液的危害。

（2）副性腺液是精子的天然稀释液，羊射出的精液中 70％是精清（副性腺和少量来自附睾、睾丸的液体）。

（3）精囊腺液里的果糖是精子能量的主要来源。

（4）副性腺液偏碱性，并能吸收精子活动所排出的 CO_2，由于其渗透压较低，可使精子吸收适量的水分，这些都有利于精子的运动。

（5）副性腺液是精子泳动和射精的载体。

（6）缓冲不良环境对精子的危害。

五、尿生殖道

公畜的尿道兼有排精的作用，所以称为尿生殖道。前端接膀胱颈，沿盆腔底壁向后延伸，绕过坐骨弓，再沿阴茎腹侧向前伸延至阴茎头，开口于外界。尿生殖道可分为骨盆部和阴茎部，两部之间以坐骨弓为界。

1. 尿生殖道骨盆部　为位于盆腔内的部分，在直肠和骨盆底壁之间。在骨盆部起始处的背侧面黏膜上有一圆形隆起，称为精阜，为输精管和精囊腺开口的部位。此外，在骨盆部和黏膜上，还有前列腺和尿道球腺输出管的开口。

2. 尿生殖道阴茎部　为骨盆部的直接延续，自坐骨弓起经左、右阴茎脚之间，沿阴茎腹侧的尿道向前伸达阴茎头而开口于外界。尿生殖道管壁从内向外由黏膜层、海绵层和肌层构成。黏膜层形成很多纵褶；海绵层主要是由毛细血管膨大而形成的海绵腔；肌层由深层的平滑肌和浅层的横纹肌构成，而浅层的横纹肌又称为尿道肌，其收缩时对射精起重要作用。阴茎部的海绵层比骨盆部的稍发达，而缺尿道肌。

六、阴茎

阴茎为公畜的交配器官，由坐骨弓开始，经两股之间沿中线向前延伸至脐部，可分为阴茎根、阴茎体、阴茎头 3 部分。

1. 阴茎根　包括左右两阴茎脚，其后端附着于坐骨弓两侧，外面被坐骨海绵体肌覆盖，两阴茎脚向前合并成阴茎体。

2. 阴茎体　指阴茎中段的大部分，呈圆柱状。在阴囊的后方形成乙状弯曲，勃起时则伸直。

3. 阴茎头　位于阴茎的前端，自左向右扭转，尿道突长 3～4cm，有 S 状弯曲。射精时尿道突可迅速转动,将精液射在子宫颈口的周围。

构成阴茎的主要部分是阴茎海绵体,它是一种勃起组织,由静脉窦、平滑肌和弹性纤维构成,周围包有一层纤维膜,称白膜。当静脉窦充血时,使阴茎勃起,变粗变硬。在阴茎海绵体的腹侧有尿道沟,以容纳尿生殖道的阴茎部。在阴茎腹侧有2条平滑肌,称为阴茎缩肌,向前伸达乙状弯曲的第2曲,该肌收缩时,使阴茎退缩回包皮腔内。

七、包皮

包皮为覆盖于阴茎游离部的管状皮肤套,有保护和容纳阴茎头的作用。

八、阴囊

阴囊是包被睾丸、附睾及部分输精管的袋状皮肤组织。其皮层较薄、被毛稀少,内层为具有弹性的平滑肌纤维组织构成的内膜。正常情况下,阴囊能维持睾丸保持低于体温的温度,这对于维持生精机能至关重要。阴囊皮肤有丰富的汗腺,内膜能够调整阴囊壁的薄厚及其表面积,并能改变睾丸和腹壁的距离,气温高时,内膜松弛,睾丸下沉,阴囊变薄,有利于散热。气温低时,阴囊内膜皱缩、睾丸提肌收缩,阴囊壁变厚并靠近腹壁,散热面积减小,有利于保温。公羊睾丸的温度比体温低4℃。

第二节 母羊的生殖系统

母羊生殖系统由卵巢、输卵管、子宫、阴道、尿生殖前庭、阴唇、阴蒂组成(图2-3、图2-4)。

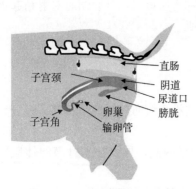

图2-3 母羊生殖器官示意图

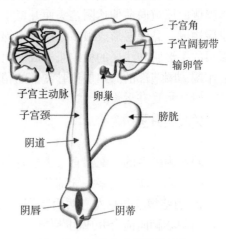

图2-4 母羊生殖器官构造

一、卵巢

卵巢 1 对，是产生卵细胞和性激素的器官。借卵巢系膜悬吊于骨盆前口的两侧，由于肠管挤压，位置会稍有变动。卵巢近似椭圆形，长 1～1.5cm，宽和厚均为 0.5～1cm。上缘较平直，有系膜附着，称系膜缘。该缘有血管、神经出入卵巢，此处称卵巢门。卵巢下缘较凸，为游离缘，前端与输卵管伞接触，后端借卵巢固有韧带与子宫角相连。

卵巢表面覆盖一层生殖上皮。在生殖上皮的深面，有一层由致密结缔组织构成的白膜。白膜内为卵巢的实质，实质分外周的皮质和中央的髓质。皮质中含有许多大小不同、处于不同发育阶段的卵泡，按发育程度不同可分为初级卵泡、生长卵泡和成熟卵泡 3 种，每个卵泡都由位于中央的卵母细胞和围绕卵母细胞周围的卵泡细胞组成，在卵泡生长过程中，卵泡膜内膜分泌雌激素，引起动物发情。排卵之后，在原排卵处卵泡膜形成皱襞，颗粒细胞增生形成黄体，黄体为内分泌腺，能分泌孕激素（孕酮），可刺激乳腺发育及子宫腺的分泌，并间接抑制卵泡的生长，维持妊娠；髓质位于中央，为疏松结缔组织，含有丰富的血管和神经等。

二、输卵管

1. 形态结构 输卵管是 1 对细长而弯曲的管道，有输送卵子的作用，也是卵子受精的场所。输卵管借输卵管系膜连于子宫阔韧带。在输卵管系膜和卵巢固有韧带之间，形成宽阔而向腹侧开口的卵巢囊。

输卵管的前端膨大呈漏斗状，称输卵管漏斗，面积 6～10cm^2。输卵管漏斗边缘为不规则的皱褶，称输卵管伞，伞的前部附着在卵巢的前端，漏斗中央深处有一口，通腹膜腔，为输卵管腹膜腔口；漏斗部向后较长的部分，管径稍膨大，壁薄而弯曲，为壶腹部；壶腹部以后较短的部分，细而直，管壁较厚，与子宫角相通的口为输卵管子宫口。

2. 功能

（1）承受并运输卵子。

（2）输卵管壶腹部是精子与卵子相遇受精的地方。

（3）输卵管上皮分泌物参与精子获能，也是精子、卵子及早期胚胎的培养液和运行载体。

三、子宫

1. 形态结构 子宫是一个中空的肌质性器官，富有伸展性，是胎儿生长发育和娩出的器官，成年羊的子宫几乎全在腹腔内，借子宫阔韧带悬吊于腰下区。

子宫分为子宫角、子宫体和子宫颈 3 部分。子宫角 1 对，呈绵羊角状扭曲，单角长

10～12cm。前端变细，与输卵管之间无明显分界，后部被结缔组织连接；表面覆盖浆膜，从外表看很像子宫体，因此称该部分为伪子宫体。子宫体呈短管状，长约2cm，夹于直肠与膀胱之间。子宫颈是子宫的后部，壁厚，触之有坚实感，长约4cm。其后部凸出于阴道内，称子宫颈阴道部。该部和阴道壁之间的空隙称阴道穹窿，羊的阴道穹窿仅背侧明显。子宫颈腔称子宫颈管，内有皱襞，彼此嵌合，使子宫颈管成为螺旋状，不发情时管腔封闭很紧，发情时仅稍微开放。其前端通子宫体的口称子宫颈内口，后端通阴道的口称子宫颈外口，宫颈外口为上下2片或3片凸出于阴道中，上片较大位置多偏于右侧，阴道穹窿下部不太明显（图2-5）。

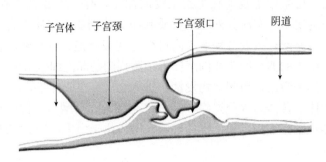

图2-5 羊子宫颈

子宫壁由黏膜、肌层和浆膜3层构成。黏膜又称子宫内膜，表面形成许多卵圆形的隆起，称子宫阜或子叶，顶部略凹陷，这是妊娠时胎膜与子宫壁相结合的部分。绵羊有80～100个，山羊有120多个。肌层是平滑肌，分内环和外纵2层，内环行肌较厚，子宫颈环行肌特别发达，形成子宫颈括约肌。浆膜是由腹膜延伸来的，被覆于子宫表面。在子宫角背侧和子宫体两侧形成浆膜褶，称子宫阔韧带，将子宫悬吊于腰下区。支持子宫，并使子宫在腹腔的一定范围内移动。妊娠时，子宫阔韧带也随着子宫的增大而伸长，分娩后缩短，使子宫复位。

2. 功能

（1）发情时，子宫肌节律性收缩，吸收和运送精子到受精部位，分娩时强力阵缩排出胎儿。

（2）子宫内膜的分泌物既可为精子获能提供环境，又可为早期孕体提供营养需要。

（3）子宫角在未孕的情况下，在发情周期的一定时期产生前列腺素，对同侧卵巢发情周期黄体有溶解作用，以致黄体机能减退，导致发情。

（4）子宫颈是子宫的门户，平时子宫颈处于关闭状态，以防异物侵入子宫腔。发情时稍微开张，允许精子进入，同时子宫颈分泌大量黏液，是交配时的润滑剂。妊娠时子宫颈分泌黏液堵塞子宫颈管，防止感染物侵入。分娩时颈管开放，排出胎儿。

（5）子宫颈是精子的"选择性储库"之一。子宫颈隐窝内储存的精子比子宫内其他地方的精子存活时间长。子宫颈可以滤剔缺损和不活动的精子，所以它是防止过多精子进入受胎部位的栅栏。

四、阴道

阴道为交配器官和产道。呈上、下略扁的管状，长 8～14cm。其背侧是直肠，腹侧是膀胱和尿道，前端连子宫，后端接尿生殖前庭。

五、尿生殖前庭、阴唇和阴蒂

尿生殖前庭是交配器官和产道，也是尿液排出的经路。长约 3cm，前端与阴道相连，两者之间的腹侧有一横行的黏膜褶，称阴瓣。后端以阴门与外界相通，紧靠阴瓣的后方有尿道外口。

阴门是尿生殖前庭的外口，位于肛门下方，由左、右两片阴唇构成，两阴唇之间的裂缝称阴门裂。两阴唇的上、下端互相连合，形成上连合和下连合，在下连合中有阴蒂，为母畜交配时的感觉器官。

第三节　生殖激素

一、生殖激素的概念

激素是由机体产生、经体液循环或空气传播等途径，作用于靶器官或靶细胞、具有调节机体生理机能的一系列微量活性物质。其中与繁殖过程有直接关系的激素称为生殖激素。还有一些激素间接影响生殖活动，如垂体前叶分泌的促生长素（STH）、促甲状腺素（TSH）、促肾上腺皮质激素（ATCH）、垂体后叶分泌的加压素或抗利尿素（ADH）、甲状腺分泌的甲状腺素、肾上腺皮质分泌的皮质激素和醛固醇、胰腺分泌的胰岛素、甲状旁腺分泌的甲状旁腺素等，称为次要生殖激素。生殖激素的作用是复杂的过程，如公羊、母羊生殖器官的发育，精子和卵子的发生、发育及成熟，黄体的形成、退化，整个母羊发情周期中激素变化，精卵结合（受精）与附植，胎儿发育，母羊分娩、泌乳等，都是在激素的调节下相互协同、按照严格的顺序和反馈机制进行的。可以说，羊繁殖的任何生理过程无一不是在激素直接或间接控制下实现的，它的力量常常很强，极少量的激素就可以发挥巨大的生理作用。因此，了解和掌握主要生殖激素的作用机理，各种激素之间的相互关系十分重要。激素不足或滥用会造成羊的体内生殖激素紊乱，致使公羊、母羊出现短期或长期的不育或不孕。

二、生殖激素的分类、分泌器官及其作用

根据生殖激素的来源和功能不同，可分为以下几类：

1. 丘脑下部分泌的促性腺激素释放激素（GnRH）　由下丘脑分泌的 GnRH 进入血液后，经门脉系统作用于腺垂体，控制垂体按一定的顺序合成与释放促卵泡激素（FSH）

和促黄体生成素（LH）。GnRH 对 LH 分泌的促进作用比对 FSH 分泌的促进作用更迅速，用外源性激素处理动物后 15min，血液中 LH 升至高峰，30min 后 FSH 也升至高峰。GnRH 在体内极易失活。

GnRH 对雄性动物有促进精子发生和增强性欲的作用，对雌性动物有诱导发情、排卵，提高受胎率的功能。

2. 来自垂体前叶的促性腺激素（GTH） 促性腺激素包括 FSH 和 LH，由垂体前叶分泌。另外，促乳素（PRL）与黄体分泌孕酮有关，也由垂体分泌。3 种促性腺激素的主要生物学作用如下：

（1）FSH。其生物学作用主要有：①促进卵泡生长发育，包括卵泡液的积聚、颗粒细胞的增生、内膜细胞的发育等；②促进卵泡成熟；③促进公羊精子的生成。

（2）LH。其生物作用主要有：①在 FSH 的协同下，能促进卵泡的最后成熟；②增进卵泡颗粒层细胞的代谢和内膜层分泌雌激素，引起母羊正常发情；③诱发成熟卵泡排卵和形成黄体；④维持妊娠黄体，具有早期保胎作用；⑤促进睾丸间质细胞的生理功能，与公羊睾丸分泌睾酮有关。

（3）PRL。其主要作用有：①与雌激素协同作用乳腺管道系统，与孕酮共同作用于腺泡系统，与类固醇皮质激素一起激发和维持泌乳活动；②促使黄体分泌孕酮。

3. 来自睾丸和卵巢的性腺激素 性腺激素是由卵巢和睾丸分泌的激素，又称类固醇激素。对两性行为、第二性征和生殖器官发育及维持，以及生殖周期的调节起着重要的作用。

（1）雌激素（又称卵泡素、动情素）。雌激素包括雌二醇、雌酮、雌三醇等。卵泡液是雌激素的主要来源，其主要作用如下：

①刺激并维持母畜生殖道的发育，在发情期促使母畜表现发情和生殖器官的生理变化。

②与孕酮共同促进乳腺管状系统增长，并维持乳腺发育。

③刺激性中枢，使母畜出现性欲及性兴奋，这种作用是在少量孕酮的作用下发生的，母羊第 1 次排卵无发情表现，是因为没有孕激素参与。

④雌激素减少到一定量时，对丘脑下部和垂体前叶的负反馈作用减弱，导致释放促卵泡激素。

⑤刺激垂体前叶分泌促乳素。

⑥使母畜发情并维持第二性征，如软骨钙化早而骨骼较小，骨盆宽大，易于积蓄脂肪，皮肤软、薄等。

⑦妊娠期间，胎盘分泌的雌激素作用于垂体，使其产生促黄体分泌素（LTH），对于刺激和维持黄体的机能很重要，到妊娠足月时，胎盘分泌雌激素增多，可使骨盆韧带松软。当雌激素达到一定浓度，且与孕酮达到适当的比例时，可使催产素对子宫肌层发生作用，并对启动分娩营造必需的条件。

⑧雌激素对雄性动物的生殖活动具有抑制效应，可促使睾丸萎缩，副性器官退化，最后造成不育。

（2）孕激素（孕酮、黄体酮）。孕激素主要由黄体和胎盘产生，肾上腺皮质和睾丸及卵泡颗粒层细胞也曾分离出孕酮，在代谢过程中，孕酮最后被降解为雌二醇而排出。其主要作用如下：

①促进生殖器官发育，只有在孕酮的作用下，才能发育充分。

②少量孕酮和雌激素共同作用，能使母畜出现发情的外部表现，并接受交配；只在有少量孕酮的协同作用下，中枢神经才能接受雌激素的刺激，母畜才能表现出性欲；否则，卵巢中虽有卵泡发育，但无发情的外部表现（暗发情）。大量孕酮能抑制发情，这是因为大量孕酮对下丘脑和垂体前叶有负反馈作用，能够抑制垂体促性腺激素的释放，特别是抑制 FSH 释放。

③小剂量孕酮能间接通过其对 LH 的释放而刺激排卵。

④孕酮能维持子宫和黏膜在雌激素作用后黏膜上皮的增长，刺激并维持子宫腺的增长和分泌，孕酮还可使子宫颈收缩，使子宫颈及阴道上皮分泌黏稠的黏液，并抑制子宫肌蠕动，给胚胎附着和发育创造了有利条件。所以，孕酮是维持妊娠的必需激素。

⑤对乳腺的作用。在雌激素刺激乳腺管的基础上，孕酮能刺激乳腺泡系统，使乳房发育。

（3）雄激素。雄激素由睾丸间质细胞产生，肾上腺皮质激素也能分泌少量雄激素，主要为睾酮。它的主要作用是：

①刺激并维持公畜性行为。

②在与 FSH 及 LH 的共同作用下，刺激精细管上皮的机能，从而维持精子的形成。

③促进雄性副性器官的发育及提高其分泌机能，如前列腺、精囊腺、尿道球腺等。

④促进雄性第二性征的表现，如骨骼肌的发育。

⑤睾酮对下丘脑或垂体有反馈调节作用，影响 GnRH、LH 和 FSH 的分泌，对外激素的产生有控制作用。

（4）松弛素。松弛素主要来源于妊娠期间的黄体，也可由胎盘和子宫分泌。松弛素为一种水溶性多肽物质，在分娩前，松弛素分泌增加，能使产道和子宫颈扩张与柔软；分娩时松弛素水平下降。

松弛素的作用只有在雌激素和孕激素的预先作用后才能对生殖道和有关组织有较强的作用。松弛素单独作用较小，其主要功能有：

①促使骨盆韧带松弛，耻骨联合分离和子宫颈口扩张，以利于分娩时胎儿产出。

②促使子宫水分含量增加和乳腺发育。

（5）抑制素。抑制素是由睾丸的支持细胞和卵巢的颗粒细胞分泌的一种糖蛋白激素。它能选择性地抑制 FSH 的分泌，而对 LH 没有作用。抑制素可抑制 FSH 的分泌，从而影响睾酮的分泌，也影响卵巢的排卵反应。

4. 来自胎盘的促性腺激素　胎盘不仅是孕育胎儿的场所，而且是内分泌器官。由下丘脑-垂体-性腺轴系所分泌的生殖激素，胎盘几乎都可以分泌。有些与垂体促性腺激素类似，有些与性腺激素类似。这些激素对繁殖过程发挥一定的作用，在某些激素分泌量过大时，会出现孕后发情现象。

胎盘激素是由灵长类的胎盘和马的胎盘产生的蛋白质激素，它具有促性腺激素的功能，生产上经常用孕马血清促性腺激素（PMSG）替代 FSH，用人类绒毛膜促性腺激素

（HCG）替代 LH，解决羊群的繁殖问题。

（1）PMSG。PMSG 是一种比较特殊的促性腺激素，一个分子中同时具有促卵泡激素和促黄体生成素两种作用。主要作用是促进卵泡发育和促进排卵，促进黄体生长。

PMSG 是妊娠母马血液中所含的一种促性腺激素。母马妊娠 60d 时激素水平达到高峰，维持 120d。

PMSG 主要与孕激素配合对母羊进行同情发情、非繁殖季节诱导发情和幼龄母羊的诱导发情；对于母羊卵巢机能衰退，公羊性欲不强、生精能力衰退等有明显作用，在胚胎移植中也可用于母羊的超数排卵处理。

（2）HCG。HCG 来源于胎盘绒毛的滋养层，并存在于早期妊娠妇女的尿液中。孕妇妊娠 8~9 周时 HCG 分泌达到高峰，21~22 周降至最低。HCG 是一种廉价的 LH 代用品。HCG 具有促进卵泡成熟排卵和黄体生成的多种作用。生产中常用于提高母羊用冷冻精液人工授精后的受胎率，提高公羊性欲和生精机能。HCG 还可以配合其他激素应用于母羊不发情、卵巢静止、卵巢萎缩、安静发情等繁殖障碍。

5. 前列腺素 多种组织器官都可以产生前列腺素，前列腺素存在于机体各种组织和体液中，具有广泛的生物学作用。在生殖系统起作用的主要是由子宫角产生的 $PGF_{2\alpha}$。主要作用如下：

（1）溶解黄体。$PGF_{2\alpha}$ 对黄体具有明显的溶解作用。根据研究，$PGF_{2\alpha}$ 溶解黄体的作用仅限于 4~6d 以后的黄体，对新生黄体无效。用于母羊催情时，繁殖季节有效，非繁殖季节无效。因为前列腺素的作用仅限于溶解黄体，故单独使用效果较差。

（2）影响排卵。前列腺素可调节输卵管各段的收缩和松弛，因此可影响精子、卵子的运行及其在生殖道内的停留时间，间接影响受胎。

（3）刺激子宫平滑肌收缩。前列腺素对子宫平滑肌有强烈的刺激，可使子宫颈松弛。生产中常用于人工引产。在精液中添加前列腺素，可刺激精子活动，有利于输精后的精子被动运行。可以提高妊娠子宫对催产素的敏感性，前列腺素与催产素同时使用，具有协同作用。

前列腺素最重要的作用是加强（或减弱）生殖道的运动机能，引起卵巢中黄体的退化（溶解黄体的作用）。

6. 催产素（OXT） 催产素是由下丘脑合成、在神经垂体中储存并释放的激素。神经因素和体液因素均可调节催产素的分泌和释放。刺激阴道和乳腺或异性刺激，均可通过神经传导途径引起催产素的分泌和释放。

催产素对非妊娠子宫，小剂量能加强子宫的节律性收缩，大剂量可引起子宫强直性收缩。子宫在妊娠早期对催产素不敏感，被雌激素作用过的子宫对催产素敏感。增强乳腺平滑肌收缩，促进排乳。催产素能刺激子宫分泌 $PGF_{2\alpha}$，引起黄体溶解而诱导发情。催产素还具有加压素的作用，即具有抗利尿和使血压升高的功能。

三、生殖激素类药物及其作用

生殖激素类药物作用与用法见表 2-1。

表 2-1　生殖激素类药物作用与用法

种类	名称	来源	作用	用法与用量
子宫收缩药物	垂体后叶激素	牛或猪脑垂体后叶中提取的水溶液成分,含催产素和加压素(又称抗利尿素)	对于非妊娠子宫,小剂量能加强子宫的节律性收缩,大剂量可引起子宫的强直性收缩。对妊娠子宫,早期不敏感,后期敏感性逐渐加强。临产时作用最强,产后对子宫的作用又逐渐减弱。对子宫的作用特点是:对子宫的收缩作用强,而对子宫颈的收缩作用较小。此外,还能增强乳腺平滑肌收缩,促进排乳。本品所含的抗利尿素可使羊尿量减少,还有收缩毛细血管、引起血压升高的作用。本品适用于子宫颈已经开放,但宫缩乏力者,可肌内注射小剂量催产;产后出血时,注射大剂量,可迅速止血;治疗胎衣不下及排出死胎,加速子宫复原;新分娩而无乳的母羊可用作催乳剂	10～50IU/次　治疗子宫出血时,用生理盐水或5％葡萄糖注射液500mL稀释后,缓慢静脉滴注
	催产素	牛或猪脑垂体后叶中提取的精制品,现已人工合成	对子宫收缩作用与垂体后叶激素注射液的作用相同。适用于催产、产后子宫出血、胎衣不下、排出死胎、子宫复原、子宫弛缓、产后促乳等	同垂体后叶激素注射液
	麦角新碱	常为马来酸盐,可人工大量生产	与垂体后叶激素相比,对子宫作用持久,可直接兴奋整个子宫平滑肌(包括子宫颈)。稍大剂量可使子宫产生强直性收缩	静脉注射或肌内注射,一次量0.5～1mg
类固醇类激素药物	苯甲酸雌二醇	人工合成的雌激素	与己烯雌酚相同,但作用强烈	口服无效,必须肌内注射,1～3mg/次
	黄体酮	天然黄体酮制剂,在乙醇或植物油中溶解,应避光保存	主要作用于子宫内膜,能使雌激素所引起的增殖期转化为分泌期,为胚胎着床做好准备;并抑制子宫收缩,降低子宫对缩宫素的敏感性,有"安胎"作用。与雌激素共同作用,可促使乳腺发育。临床上常用于治疗习惯性流产、先兆性流产,也用于治疗卵巢囊肿。用于治疗功能性流产时,使用剂量不宜过大,而且不能突然停药。用于诱导发情和同期发情时,必须连续用药7d以上,一旦停止用药,即可引起发情排卵	肌内注射,15～25mg/次
	甲孕酮(醋酸甲孕酮,安宫黄体酮)	人工合成的孕激素	用甲孕酮制成的阴道海绵栓,可用于繁殖季节母羊的同情发情。对幼龄母羊,可采用口服处理	口服有效。繁殖季节,阴道埋植,50mg/只
	炔诺酮	人工合成的孕激素	炔诺酮的活性及抑制排卵的作用较孕酮强。可用于同期发情处理	口服有效。还可皮下埋植,50mg/只
	甲地孕酮(醋酸甲地孕酮)	人工合成的孕激素	药理活性和化学结构与甲孕酮相似	口服有效,50mg/只

（续）

种类	名称	来源	作用	用法与用量
类固醇类激素药物	氟孕酮（FAG）	人工合成的孕激素	用于母羊同期发情或非繁殖季节诱导发情，启动和刺激母羊卵巢活性	口服有效。繁殖季节阴道埋植 40～45mg，非繁殖季节阴道埋植 45～60mg
	三合激素	人工复合类固酮激素制剂	每毫升内含丙酸睾丸素 25mg，黄体酮 12.5mg，苯甲酸雌二醇 1.5mL，能引起羊的发情表现，由于其复杂的反馈作用，有时能够引起排卵，一般慎用于母羊的同情发情或诱导发情	肌内注射，0.5～1mL/只
	丙酸睾丸素（丙酸睾丸酮）	人工合成的雄激素	与甲基睾丸素相同	肌内注射，15～30mg/只
	苯丙酸诺酮（苯丙酸去甲睾酮）		促进蛋白质合成代谢的作用特别强，能增长肌肉、增加体重、促进生长；增加体内的钙和钠。加速钙盐在骨中的沉积，促进骨骼的形成。还能直接刺激骨髓形成红细胞；促进肾分泌促红细胞生成素，增加红细胞的生成。临床主要用于热性疾病和各种消耗性疾病引起的体质衰弱、严重的营养不良、贫血的治疗；还可用于手术后、骨折及创伤，以促进创口愈合	肌内注射，15～30mg/只
	十一酸睾丸素	人工合成的雄激素	有典型的雄激素作用，用于治疗公羊性欲缺乏	肌内注射，250～500mg/只
抗类固醇激素药物	醋酸氯羟甲烯孕酮		有较强的抗雄激素活性，能够抑制雄性动物分泌性腺激素，抑制睾丸合成雄性激素	
	促卵泡激素（FSH）	猪脑下垂体前叶所提取	刺激卵泡的生长和发育。与少量 LH 合用，可促使卵泡分泌雌激素，使母畜发情；与大剂量 LH 合用，能促进卵泡成熟和排卵。能促进公畜精原细胞增生，在 LH 的协同下，可促进精子的生成和成熟。在胚胎移植中用于供体母畜的超数排卵	肌内注射，50～100IU/次
	孕马血清促性腺激素（PMSG）	妊娠 60～120d 母马血液中提取	同时具有 FSH 和 LH 的两种作用。主要作用是促进卵泡发育和促进排卵，促进黄体生长。与孕激素配合对母羊实行同期发情、非繁殖季节诱导发情和幼龄母羊的诱导发情；对于母羊卵巢机能衰退、公羊性欲不强、生精能力衰退等有明显作用。临床上主要用于治疗久不发情、卵巢机能障碍引起的不孕症；对母羊可促使超数排卵，促进多胎，增加产羔数	皮下注射、肌内注射或静脉注射，200～1 000IU/次。1d 或隔日 1 次

（续）

种类	名称	来源	作用	用法与用量
促性腺激素类药物	促黄体生成素（LH）	猪脑下垂体前叶所提取	在促卵泡激素作用的基础上，可促进母畜卵泡成熟和排卵。卵泡在排卵后形成黄体，分泌黄体酮，具有早期安胎作用。还可作用于公畜睾丸间质细胞，促进睾丸酮分泌，提高性欲，促进精子形成	肌内注射，10～50IU/次，治疗卵巢囊肿，剂量加倍。供体超数排卵后促进排卵，肌内注射，100～130IU/次
	人绒毛膜促性腺激素（HCG）	从早期妊娠妇女尿液中提取，来源于胎盘绒毛的滋养层。孕妇妊娠8～9周分泌量达到高峰，21～22周降至最低	一种廉价的LH代用品，有促进卵泡成熟排卵和黄体生成的多种作用，与LH相似。排卵障碍时，可促进排卵受孕，提高受胎率。在卵泡未成熟时，则不能促进排卵。大剂量可延长黄体的存在时间，并能短时间刺激卵巢，使其分泌激素，引起发情。能促进公畜睾丸间质细胞分泌雄激素。用于促进排卵，提高受胎率；还用于治疗卵巢囊肿、习惯性流产等。生产中常用于提高母羊冷冻精液受胎率，促进公羊性欲和促进公羊生精机能。配合其他激素应用于母羊不发情、卵巢静止、卵巢萎缩以及母羊安静发情	肌内注射，100～500IU/次。治疗习惯性流产，应在妊娠后期每周注射1次，治疗性机能障碍、隐睾症每周注射2次，连用4～6周
	促排卵3号（LRH-A3）	人工合成的促性腺激素释放激素的类似物	用于母羊诱导发情、同期发情、超数排卵，还可在精液中添加，提高受胎率。对公羊性欲衰退和生殖能力下降，也有显著疗效	肌内注射，15μg/只，隔日1次，1～3次一疗程。
	氯前列烯醇	人工合成的前列腺素的类似物	能溶解黄体，刺激发情和排卵。对妊娠子宫可加强收缩，妊娠晚期的子宫最为敏感。适用于催情、同期发情、引产等	肌内注射或阴唇注射，0.05～0.1mg/次。子宫颈注射，剂量减半

第四节 公羊的生殖生理

一、公羊的生殖机能和性行为

1. 初情期 公羊初次释放有受精能力的精子，并表现出完整性行为的年龄，称为公羊的初情期或青春期。这是由于促性腺激素活性不断加强，以及性腺产生类固醇激素和精子的能力逐渐增强的结果。绵羊、山羊的初情期为7月龄左右。初情期受生理环境、光照、父母年龄、品种、环境温度、出生季节、体重、断奶前后的生长速度等因素的影响。

初情期之后一段时间，公羊性欲较高但精液品质较差，称为"青春不育"阶段，也是公羊身体和生殖器官发育最迅速的生理阶段。

2. 性成熟 初情期之后，公羊身体和生殖器官进一步发育，达到生殖机能完善、具备正常生育能力的年龄，称为性成熟。公羊的性成熟一般在初情期之后 2～3 个月。

3. 适配年龄 公羊的性成熟往往早于身体的成熟。为了不影响公羊的生长发育和以后种用价值的利用，不宜过早利用，应在性成熟的基础上推迟 1～3 个月。

4. 公羊的性行为 公羊在交配或采精过程中所表现出来的完整性行为包括：求偶、试探、勃起、爬跨、交配、射精及射精结束等步骤。性行为是两性动物接触出现的本能反应，是在神经、激素、感官和外激素的共同作用下发动的。感觉器官（嗅觉、视觉、触觉、听觉）接受了来自异性的刺激（气味、声音、性外激素等），通过神经传导、激素调节实现性行为。初情期前去势的公羊因为缺乏性腺激素，会完全丧失性行为。公羊阴茎的勃起和射精分别受脊髓荐节的副交感神经和交感神经支配。性行为的表现受遗传、环境、公羊的生理状态、性经验、社群地位和交配前的性刺激等因素的影响。

二、生殖激素对公羊生殖的调节

公羊从胎儿期性腺分化开始，睾丸间质细胞就在促性腺激素的作用下分泌少量的雄激素。

初情期的启动有赖于下丘脑-垂体-睾丸轴的成熟，表现为丘脑下部分泌促性腺激素释放激素（GnRH）的频率和量明显增加，以及垂体对 GnRH 的敏感性及睾丸对 LH 和 FSH 的敏感性增加，逐渐使睾酮的浓度由原来的低水平达到成年羊的水平。睾丸的 2 种主要功能是分泌类固醇激素和产生精子，睾丸的间质细胞合成雄激素，生精作用则发生在曲精细管。而腺垂体本身又受到中枢神经系统许多部位的调节，这些部位通过下丘脑的 GnRH 实现协调控制。

下丘脑脉冲释放 GnRH 经门脉进入垂体，促使垂体释放 LH 和 FSH。当 LH 与睾丸间质细胞上的特异膜受体结合后，最终导致睾酮分泌。这些性腺激素又作用于下丘脑和腺垂体，通过负反馈机制来调节垂体 GTH 的释放。间质细胞分泌的睾酮与曲精细管的支柱细胞内的胞浆受体结合，这是精子产生的关键。FSH 与支柱细胞的膜受体的结合对诱导生精过程有重要作用，从支柱细胞释放的抑制素抑制 FSH 的分泌。

多数品种的公羊睾酮浓度最高值在秋季，最低值在春季。对公羊来说，随着光照逐日缩短，促性腺激素和性腺激素的分泌增加，精子生成机能增强，长时间过高的环境温度，特别是热应激可以降低睾丸的内分泌和生精功能。

精子发生的过程从启动到完成都受内分泌的调节，涉及多种生殖激素。睾丸的生精功能主要受垂体促性腺激素（FSH 和 LH）的调节。FSH 对精子发生的调节作用是通过支持细胞实现的。FSH 首先维持支持细胞的分裂，其次与支持细胞膜上的受体结合，刺激雄激素结合球蛋白（ABP）的合成，而 ABP 对生殖细胞发育和分化为成熟的精子起着至关重要的作用。FSH 也可和精原细胞上的受体结合，直接启动精原细胞的分裂和刺激早期精细胞的发育。FSH 还可刺激支持细胞产生一种或多种分泌因子，作用于间质细胞，以增强其对 LH 的反应性，提高睾酮的产量。LH 对公羊作用的靶细胞是间质细胞。与膜上的 LH 受体结合，刺激睾丸雄激素的分泌，维持生精所需的雄激素浓度。

三、精子的发生和形态

1. 精子的发生 公羊的睾丸在生殖期内不间断地产生和释放精子。精子的发生是指精子在睾丸内形成的全过程。精细管上皮含有大量的足细胞和精原细胞。精原细胞经过多次分裂形成初级精母细胞，然后再经过减数分裂形成单倍体的精子细胞，最后变形为精子。从理论上讲，1个精原细胞可产生64个精子，而1个卵原细胞只能产生1个卵子。从精原细胞分裂开始到精子形成所经过的时间，称为精子的发生周期。公羊精子的发生周期为49~50d。精子从附睾头到附睾尾至少需要10~15d。也就是说，精子从发生到能够排出体外需要2个月左右。公绵羊每克睾丸组织每天产生精子2 500万个左右。

精子在附睾中不运动，存活时间较长（50d左右），但不能长久生存。附睾内储存过久的精子会发生变性、退化、解体而被吸收，也有一部分随尿液排出体外。长期不用的公羊首次采精，其精液品质很差。公羊排出来的精子的膜覆盖有某种物质，使其受精的潜能暂时不能发挥，只有在发情母羊的生殖道内或体外处理完成获能过程，才能与卵子结合。精细管外周的肌细胞与足细胞经过特殊连接形成一道屏障，使血液和淋巴液不能直接进入精细管，这种屏障称为血液-睾丸屏障。精子细胞和精子是单倍体，会被体内免疫系统当作外来细胞而受到免疫攻击。由于血液-睾丸屏障的作用，血液中的免疫物质不能与精子细胞接触，避免了免疫反应的发生。高温、感染、损伤等因素能使血液-睾丸屏障受到破坏，就会引起自身免疫性睾丸炎和精子死亡解体。

2. 精子的形态 羊的精子分头、颈和尾3个部分，长度$60\mu m$，头部为扁圆形，头长、宽、厚比为8：4：1，精子正面似蝌蚪，侧面似挖勺。头主要是细胞核，内含遗传物质DNA，前部有1个帽状双层结构的顶体，顶体内含有多种与受精有关的酶，是一个不稳定结构，容易畸形、缺损和脱落，使精子失去受精能力。颈部是头和尾的连接部，是精子最脆弱的部分，在精子成熟或体外处理以及保存过程中的一些不利因素的影响下，极易造成精子头尾分离。尾部是精子最长的部分，是精子代谢和运动的器官。精子尾部中段分解营养物质提供能量。精子主要靠尾部的摆动，推动精子向前运动（图2-6）。

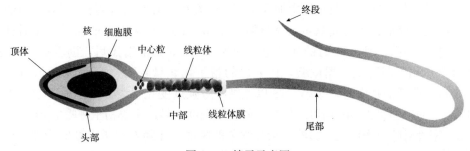

图2-6 精子示意图

正常精液中也含有许多畸形精子，畸形精子可分为头部畸形、中段畸形和尾部畸形3类。头部畸形：有窄头、梨形头、圆头、巨头、小头、头基部过宽或过窄以及发育不全等。精子头部畸形多是睾丸受不良环境的影响而引起的。中段畸形：中段畸形多是在睾丸和附睾内发生的，中段发生肿胀、裸露或扭曲等。尾部畸形：尾部各种形式的卷曲、双尾、断尾、带有近端或远端原生质滴的不成熟精子。尾部畸形对精子的运动能力和运动方式影响最为明显。

精子形态的检查分析结果，不但可以评价精液的品质，而且可以判断睾丸、附睾和尿生殖道的机能状态，便于对公羊采取必要的饲养管理和治疗保健措施。

3. 精液的组成和理化特性 精液由精子和精清两部分组成，而精清主要是副性腺分泌物，还有少量的睾丸液和附睾液。交配时，尿道起始部内壁上的精阜勃起，阻断尿液通道，并防止精液向膀胱倒流，尿道球腺先分泌少量液体，冲刷尿道。接着，附睾经输精管向骨盆部尿道排出很浓的精液。羊的射精量为 0.5~2mL，精子密度为 30 亿（20 亿~50 亿）个/mL。精液中精子占 30%，精清占 70%。

精清由糖类、蛋白质、氨基酸、酶类、脂类、维生素、无机离子等组成。精清的作用是：稀释来自附睾的浓密精子，扩大精液容量；调整精液 pH（酸碱度）促进精子运动；为精子提供营养物质，对精子具有保护作用；清洗尿道和防止精液倒流。

精液的渗透压常以摩表示，精清和精子的渗透压相等，约为 0.324mol。在精液稀释时，稀释液应与精液渗透压一致。羊精液偏酸性，pH 为 6.9（5.9~7.3）。

四、精子的代谢和运动

1. 精子的呼吸作用 精子在呼吸过程中能氧化糖、脂肪和蛋白质，来获得能量，其中首先氧化的是精清中的果糖。在有氧而无果糖的情况下，精子呼吸则氧化其内源物质，主要为脂类（磷脂）。在有果糖和脂类的情况下，蛋白质几乎没有被氧化消耗。

向精液中加果糖、葡萄糖、甘露醇、乳糖、丙酮酸以及山梨醇等可提高精液的耗氧量，这说明精子可以利用上述外源性物质获得能量，从而减少消耗本身所储存的能量物质，因此在保存精液时，向稀释液中加入能量物质，就可延长精子的存活时间。

在有氧情况下，精子具有相当强的呼吸能力。一般采用耗氧率表示精子的呼吸强度，即每亿精子在 37℃下每小时所消耗的氧气量（微升）。精子的耗氧量一般为 10~20μL/h。

影响精子呼吸作用的因素很多，如精液中代谢基质多少，精液的 pH、温度以及精子密度、活力等。如前所述，向精液中加入果糖、葡萄糖、甘露糖等可提高精液的耗氧量。降低精液温度可降低精子的耗氧量。据试验，在 37℃时，每亿个羊的精子每小时耗氧量为 22μL，但在 20℃时则每小时的耗氧量下降为 8.4μL。精液射出后，随着时间的延长，精子的呼吸作用同时降低。据试验，初射出的精子耗氧量较高，2h 后则耗氧量可降低 50%，但以后降低的程度逐渐减小，1d 以上则呼吸强度变化很少。精子的呼吸能力也受 pH 的影响。过高过低的 pH 均可降低精子的呼吸强度，最适于羊精子呼吸的 pH 为 7.0~7.2。精子密度对呼吸作用也有影响。猪和绵羊的精液，伴随着精子密度的增加，单位容积中精子的耗氧量常减少。关于对精子活力的影响，据以绵羊精子进行的试验证明，精子运动与氧消耗量关系密切，呼吸量大者，其中大部分精子都做急速前进运动，如果氧消耗量只相当于以前的 20%，则大部分精子死亡，只有少数精子微弱运动。由此可见，精子活力大，耗氧量大；否则，相反。但在一定范围内，精子运动并不需要呼吸增强，比如在无氧条件下，精子仍可维持相当长时间的运动，这说明精子运动所需要的热能，除呼吸外，也可由其他过程得到。

精子进行旺盛的呼吸，必然消耗大量营养物质，这对精子生存不利。大多数家畜的精子，在厌氧状态下比有氧状态下存活时间长，故在人工授精中，为了延长精子存活时间，应尽量避免精子能量的消耗，常采取降低温度，减少精子与空气接触和提高酸度等方法，来延长精子的存活时间。

2. 糖酵解　精子维持生命活动所需要的能量，主要依靠呼吸代谢消耗周围环境的糖以及本身的脂类和蛋白质，但呼吸并非精子活动所需能量的唯一来源。在无氧情况下，靠分解精清中的果糖获得能量。

3. 精子运动　精子运动的最初动力，不是在精子头部，而是源于精子尾部的中段（自颈部以下），因为精子中段在细胞学构造上为呼吸代谢的中心，所以头部从颈部脱离后，头无活动能力，而尾部仍能活动。

精子是靠尾部有节奏地收缩摆动而进行前进运动的。由中段发出冲动向后传导到尾的末端，使尾进行有节奏的弯曲运动，每个小弯曲的波传出时，头向侧方摆动，在一个摆动的周期（尾部每次收缩的周期）头即向左右摆动。

精子的运动方式有 3 种，即前进运动、转圈运动、振摆运动。前进运动是精子呈直线前进运动，这是正常的运动方式，这样的精子具有受精能力。转圈运动是精子沿一圆圈做转圈运动，圆圈的直径一般不超过 1 个精子的长度。振摆运动是精子在原地不断摆动并不前进。

精子运动的速度，因受家畜种类及周围环境条件等因素的影响而有所不同。一般来讲，各种家畜精子在静止的液体中的运动速度为 $50\sim60\mu m/s$。

家畜精子运动有以下特点：

向流性：精子向液体逆流方向运动的性能。在静止溶液中，精子的运动无固定方向。而在流动的液体中，精子向逆流的方向游动，即逆流而上。在缓慢流动的液体中表现明显。

向触性：当精液中有异物存在时，精子朝向异物凝集在一起，在异物的周围表现出一定的运动。在悬滴标本下，可以看到精子围绕着精液中的上皮细胞或其他异物，头部向前钻，顶着异物移动。在检查精子活力时，还可以看到在精液层与空气层之间布满精子头部。

五、外界因素对体外精子的影响

1. 温度　温度对精子活力和生存能力影响很大，$37\sim38$℃是精子最适宜运动的温度。温度升高，能促进精子的运动与代谢作用，但加速了精子能量的消耗其及衰亡，温度升高至 $45\sim50$℃时，精子运动异常剧烈，温度过高达 55℃左右时，则精子迅速死亡；反之，当温度逐渐降低时，精子运动也逐渐变得缓慢，在 10℃以下特别明显，在 5℃左右即停止运动。因此，在检查精子真实的运动状况时，应在 $37\sim38$℃进行。

低温能抑制精子运动，降低精子的能量消耗，故可延长精子寿命，如温度降到 $0\sim5$℃时，精子即进入休眠状态，但可延长存活时间。

精液温度的变化一定要缓慢，升温、降温不能太快；否则，会造成精子死亡。在进行精液保存时，要逐渐降温，同时应当用含有抗冻剂的稀释液。在寒冷季节或寒冷地区进行人工授精时，要特别注意室内温度，以免新采集的精子突然遭受寒冷的打击而死亡，故一般要求室温保持在 $18\sim25$℃。

2. 渗透压　在精液的稀释处理过程中，渗透压的高低对精子的运动和存活有很大的影响。与精清渗透压大致相等的溶液最适宜精子的运动和生存，渗透压过低过高均不适宜，在等渗压力 $50\%\sim150\%$ 内，高渗透压的影响小于低渗透压。

如将精子置于低渗溶液中，水分可以通过细胞膜进入细胞内部，使精子的尾部膨胀并卷曲，呈振摆运动（有时表现倒退运动现象）逐渐死亡。如果处于高渗溶液中，由于精子内部的水分被吸出而发生皱缩，尾部呈锯齿形弯曲，活力逐渐降低而死亡。只有在等渗溶液中才能保持精子的正常活力。因此，在人工授精中，配制稀释液时，所用药品必须按配方准确称量，整个操作过程中，防止水分混入。

3. 酸碱度（pH）　最适于精子运动和存活的 pH 为 7.0 左右，但因家畜种类与稀释液种类的不同而有所差异。酸碱度过低或过高均对精子生存不利，所以在配制稀释液和保存精液时应予考虑。

一般来讲，在弱碱性溶液中精子运动较快，但存活时间短；而在弱酸性溶液中，精子的运动受到抑制，能量消耗降低，但存活时间长，故在常温保存精液时，用弱酸抑制精子运动。

4. 稀释　用优良的稀释液对精液进行适当稀释，可以增强精子活力，延长存活时间，进而可以提高受胎率。但是不适当的高倍稀释，反而会降低精子活力，缩短精子存活时间，降低受胎率。因此，稀释精液时，应该根据试验结果，采用优良的稀释液，按最适宜的稀释倍数进行稀释。

5. 光线　太阳光直射可暂时增强精子活力。但可缩短精子的存活时间。日光中的紫外线、红外线都有凝固精子体内蛋白质而杀伤精子的作用。

用牛精液所做的试验证明了精液直接暴露在阳光下，其生存时间比暗室的低 50%，故在人工授精操作过程中，应避免阳光直接照射精液，如操作室挂窗帘、输精器带色等。

6. 药物　在进行人工授精时，为了预防传染病，不得不使用消毒药物，但现在所使用的消毒剂对精子都有损害作用，即使剂量很小也会对精子产生有害影响。在人工授精过程中，常用乙醇消毒，但应注意即使 0.5% 的乙醇也会很快将精子杀死。因此，在人工授精全部操作过程中，必须重视这一问题，器械消毒后，必须用冲洗液或稀释液进行充分冲洗，以免损伤精子活力，降低人工授精效果。但是应当知道，一定剂量的磺胺和抗生素对精子并无损害，且可消除微生物对精子的有害影响，故应在精液稀释、保存中利用这些物质。

7. 不良气体　不良气体对精子有害，应避免其对精子的不良影响。在人工授精操作过程中，应严禁吸烟。

8. 空气　家畜的精子可以在无氧环境下生存较长时间，精子与空气接触后，就会吸氧，排出二氧化碳，消耗本身营养，缩短寿命。精液保存时，为了延长精子寿命，应将储精瓶盖严，还可在精液表层注入一层灭菌液状石蜡油，以便隔绝空气与精子的接触。

9. 震动　震动在精液处理及运动过程中是不可避免的，其对精子的不良影响不是太大，但与静置相比是有害的。经过震动的精子，其生存时间缩短，受精能力降低，所以在精液处理和运输过程中应尽量避免震动。

10. 异物　精液内如混入异物，会使许多精子停止直线前进运动，头部顶着异物摇动，这部分精子不向输卵管方向运动，不能与卵子结合，故在人工授精操作过程中，应随时注意防止异物混入精液内。

第五节　母羊的生殖生理

一、初情期、性成熟和适配年龄

青年母羊达到一定年龄，出现第1次发情，称为初情期。母畜的初情期通常是指垂体开始有分泌促性腺激素的机能，性腺开始具有周期性生理机能活动的时期，它是由促性腺激素，特别是促卵泡激素（FSH）的分泌量逐渐增加，以及卵巢对促性腺激素的反应能力增强而引起的。春季所产绵羊羔初情期为7～9月龄，秋季所产绵羊羔初情期为10～12月龄。山羊初情期为5～7月龄。在初情期，虽然母羊有发情症状，但这时的发情和发情周期是不正常、不完全的，最初的发情并不伴随排卵。初情期之后，再经过一段时间，才达到性成熟。此时，母羊生殖器官已基本发育完全，具有了繁衍后代的能力，这就是性成熟。母羊到性成熟时，就开始出现正常的周期性发情，并排出卵子。

性成熟是一个延续的过程，而没有一个截然的时间划分。在性成熟前，母羊生殖器官的形态和机能是逐步发育至最后成熟的。卵巢和副性器官在此期间的发育比较缓慢，也无生理机能的表现。生殖器官的发育随着年龄、体重的增加而逐渐发育成熟。当母羊达到性成熟时期，由于受到垂体前叶分泌的促性腺激素，以及性腺所分泌的雌激素的作用，生殖器官的大小和重量均在急剧地增长。垂体前叶分泌的FSH经血液运至卵巢促使其有卵泡发育。随着卵泡的发育成熟，卵巢的体积和重量也在增加，卵巢内分泌的雌激素流经血液，又促使母羊生殖器官开始生长发育，母羊表现出发情症状，直至卵泡成熟，排出卵子。性成熟的年龄受品种、个体、饲养管理条件、气候等因素的影响。早熟品种、气候温暖的地区、饲养条件优越，均能使性成熟提早。一般情况下，小母羊在5～7月龄已达到性成熟。母羊达到性成熟年龄，并不等于已经可以进行配种繁殖，因为母羊开始达到性成熟时，其身体的生长发育还在继续，生殖器官的发育也未完成，过早地妊娠就会妨碍其自身生长发育，生产的后代也是体质弱、发育不良者，甚至出现死胎，而且泌乳能力差，不能很好地哺育羔羊。

母羊的适配年龄，以体重达到成年体重的65%～70%为宜。一般母羊在9～13月龄，公羊在13月龄以上开始配种为宜。但是母羊的初配年龄也不应该过分地推迟。母羊最适宜繁殖的年龄为2～6岁，7～8岁时逐渐衰退，10～15岁便失去繁殖能力，但这也与饲养管理水平有很大关系。

二、繁殖季节

大部分野生动物均具有明显的发情季节。繁殖季节是适于新生幼畜生存的时期，幼畜多出生于春季，此时营养物质供给充分，母畜乳汁充足，温度及自然环境适宜，这是长期自然选择，适应于自然环境的结果。家畜的野生原种均有一定的发情季节，但由于人类的经济目的，经过千万年的驯化，现在除了某些品种的绵羊和马、驴外，大部分母畜发情季节已不很明显，甚至全年都可以发情繁殖。山羊、湖羊和小尾寒羊能够常年发情，但以秋季最为集中，春末和夏季发情较少。

三、发情周期

母羊达到性成熟年龄以后，在非妊娠时期，其卵巢出现周期性的排卵现象。随着每次排卵，生殖器官也周期性地发生系列变化。这种变化是按照一定顺序循环，周而复始的，一直到性机能衰退以前，表现为周期性活动。因此，把这一次排卵到下一次排卵这段时间内，整个机体和其生殖器官所发生的复杂的生理过程称为发情周期。

山羊的发情周期平均 20d，一般为 18~24d；绵羊平均为 17d，一般为 14~20d。

根据发情周期的生理变化，又可划分为 4 个阶段（图 2-7）：

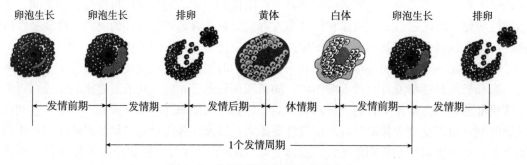

图 2-7　发情周期各阶段卵巢的变化

1. 发情前期　在促性腺激素的作用下，卵巢中的黄体开始萎缩，新的卵泡开始发育，但还很小，卵泡内的雌激素开始作用于母体，于是整个生殖器官的腺体活动开始加强，生殖道上皮组织开始增生，分泌开始增多，但还看不到从阴道中排出黏液，母羊没有性欲表现。

2. 发情期　雌激素分泌达到高峰，母羊表现出强烈的性兴奋，有明显的发情表现。卵巢中的卵泡发育很快，在发情盛期结束后几小时，最后达到成熟，卵泡破裂排卵，子宫蠕动加强，子宫颈口张开，可以看见由阴道中排出黏液。母羊性欲旺盛。最后随着卵子排出以后，这些表现逐渐消失。发情期的这些变化，都便于家畜配种和精子通过生殖道与卵子结合而受精。

发情期结束后，如果卵子受精，母羊便进入妊娠阶段，发情周期也就停止，直到分娩以后，再重新出现发情周期。如果卵子没有受精，就转入休情期。

3. 发情后期　这时排卵后的卵泡内黄体开始形成，发情期间生殖道所发生的一系列变化逐渐消失而恢复原状，母羊性欲显著减退。

4. 休情期　也称间情期，是发情过后到下一次发情到来之前的一段时间。此阶段为黄体活动阶段，并通过黄体分泌孕酮的作用保持生殖器官生理状态处于相对稳定，母羊的精神状态正常。

四、发情表现

1. 精神状态　处于发情期的母羊，全身性的行为变化较显著，表现为精神兴奋，情绪不安，不时地高声哞叫，爬墙、抵门并强烈摇尾，用手按压其臀部摇尾更甚，泌乳量下降，食欲减退，反刍停止，放牧时常有离群现象，喜欢接近公羊，这种变化随着发情周期的发展由弱变强，然后又由强变弱。处女羊的发情表现不太明显，所以应注意观察。

2. 性欲　随着发情时间的发展，母羊表现强烈的交配欲，如主动接近公羊，接受爬跨，有时也爬跨其他母羊。

发情母羊的外部表现常常在接近公羊时表现最为明显。同时，公羊对发情母羊具有特殊灵敏的辨识能力。因此，在生产实践中，常常采用公羊试情。

3. 生殖道

（1）输卵管的变化。输卵管在发情期的主要变化为上皮细胞由短变长，同时输卵管上皮细胞纤毛颤动幅度加大，输卵管的管道变粗，分泌物增多，这些变化均有利于卵子和精子的运行与受精。

（2）子宫的变化。发情期中子宫的变化主要是为受精卵的发育做准备。如子宫腺体的增长，间质组织增生、充血、水肿等。这表示子宫血液供应增强，子宫上皮内膜增厚。排卵以后进入黄体期，子宫腺体的变化和分泌功能更为明显。

（3）子宫颈的变化。发情期母羊子宫颈的变化主要是为了便于精子通过和运行，如子宫颈变松弛，分泌物大量增加，分泌的黏液由稠变稀，当发情结束时，分泌物又变稠，同时子宫颈口收缩。黄体期间，子宫颈口收缩最紧，如果受胎，子宫颈管道便有黏稠的物质将管道封闭，使之与外界严密隔绝，以利于保护胎儿。

（4）阴道的变化。发情期母羊阴道变化主要是为了有利于接受交配。如阴道黏膜上皮细胞有显著的角质化现象，阴道变松弛、充血，且分泌大量黏液。此外，阴道黏液的黏稠度、酸碱度也有显著变化，在休情期阴道黏液很稠，多为酸性；在发情前期黏液透明有牵缕性，量多、流出阴门外；在发情期黏液量稍减，较混浊而且为碱性，可刺激精子活力；在发情后期黏液变黏稠，呈白色糊状如猪油。

（5）外阴部变化。发情母羊外阴部松弛、充血、肿胀，阴蒂也有充血和勃起现象，这些变化也都有利于交配。

五、产后发情

繁殖性能好的绵羊、山羊品种，如小尾寒羊、淮山羊等，可在产后 35～60d 出现第 1 次发情，大部分品种母羊产后第 1 次发情，需等到下一个发情季节。

六、卵泡发育和排卵

1. 卵泡的发育 当母羊达到性成熟以后，在每次发情即将出现之前，卵巢上的黄体已经萎缩，分泌孕激素的机能已经停止，卵巢上的初级卵泡（原始卵泡）开始发育，先发育为次级卵泡进而再发育为成熟卵泡（图2-8）。

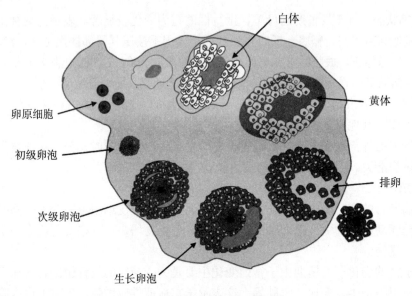

图2-8 卵巢中卵泡演变示意

（1）初级卵泡。由初级卵母细胞和排列在其周围的一层卵泡细胞组成，初级卵泡排列在卵巢皮质的外围，初级卵泡进一步发育即为次级卵泡。

（2）次级卵泡。这时的卵细胞体积增大，线粒体、卵黄颗粒增多；卵泡细胞增生至数层并继续增生，同时分泌出液体即卵泡液，使卵泡内出现不规则的腔隙。随着卵泡液的不断增加，腔隙会融合成较大的卵泡腔，使卵泡进一步扩大。次级卵泡在生长过程中，外周的结缔组织形成卵泡膜。次级卵泡继续生长扩大即成为成熟卵泡。由于卵泡中卵泡素分泌增加，母羊的发情表现逐渐明显。

（3）成熟卵泡。由于卵泡液不断增多，而使卵泡容积更加增大，此时卵泡变得很薄，部分凸出于卵巢表面。卵子仍被包围在由颗粒细胞所形成的卵丘中，呈半岛状，与卵泡壁的颗粒细胞层相连接，直到排卵时，卵泡破裂，卵丘细胞和卵泡壁的颗粒细胞层脱离，母羊发情表现也迅速消失，尔后数小时，或发情表现消失之前数小时，卵子随同周围的卵丘细胞（放射冠细胞）一并排出。

2. 排卵过程 母羊在发情时卵泡的增长速度很快，成熟卵泡的直径为5～6mm，凸出于卵巢表面的卵泡壁更显得薄而紧张，是一个小而无血管的透明体，卵泡壁上排卵点外形为一个乳头状的锥体，称为卵泡锥。排卵前卵泡膜在这里发生分解，同时卵泡内卵泡液压力逐渐增加，成熟卵泡便自卵泡锥向外穿孔破裂，卵泡液就带着卵子和包在卵子周围的放射冠细胞从卵泡中排出，这就是通常所说的排卵（图2-9）。

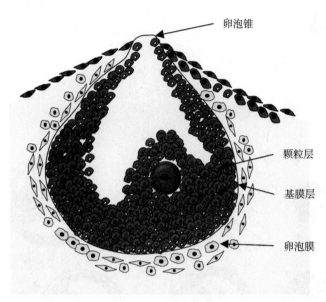

图2-9 排卵过程示意

排卵时输卵管伞扩大，完全包住卵巢，靠伞部的纤毛运动使卵子进入输卵管。排卵发生在发情结束前的2~8h。排卵的时间多为发情后30~40h，即发情将结束的时候。大多数山羊每次排卵数为2~3个。排过卵的卵泡，经过很短的红体阶段后变成黄体，这时卵泡壁的伤口为纤维蛋白所封闭。卵泡内的细胞分泌色素而使其外观变为灰黄色，在排卵后6~8d时黄体达最大体积。

3. 卵子的生成和排出

（1）卵原细胞。在胚胎阶段，卵巢皮质部的生殖上皮细胞形成卵原细胞，它是由上皮细胞分裂形成的一小芽状细胞团，这个细胞团后来与生殖上皮脱离而进入卵巢基质，细胞团中央有一个较大的细胞即为卵原细胞。

（2）初级卵母细胞。卵原细胞经过分裂后，便进入生长期，卵细胞增大形成初级卵母细胞。初级卵母细胞的周围有一层透明的膜，称为透明带。初级卵泡有一个较长的生长期，从胚胎期直到母羊性成熟，卵泡开始发育时一直处于这个阶段。

（3）次级卵母细胞。卵泡发育成熟后，在将要排卵之前，初级卵母细胞完成第1次减数分裂，分为2个大小不等的细胞，其中容纳大部分细胞质的细胞为次级卵母细胞，较小的那个没有细胞质的细胞为第1极体，次级卵母细胞和第1极体各含有一半染色体。母羊排出的卵子是次级卵母细胞。

（4）成熟卵细胞。卵子排出后，在输卵管壶腹部进行第2次成熟分裂，并且只有受精的卵细胞才能进行，分裂后形成一个成熟的卵细胞（卵子）和另一个极体，称为第2极体，2个极体均含有极少量的细胞质，常被包在卵细胞的透明带内，并在该处退化消失。透明带位于卵母细胞与卵泡细胞之间，由两者共同分泌形成，厚15μm，是一种含有氨基多糖的物质，折光性强。透明带内为卵黄膜，膜内为细胞质。其中有线粒体、高尔基体和卵黄。细胞核呈圆形，有 1~2 个核仁（图 2-10）。

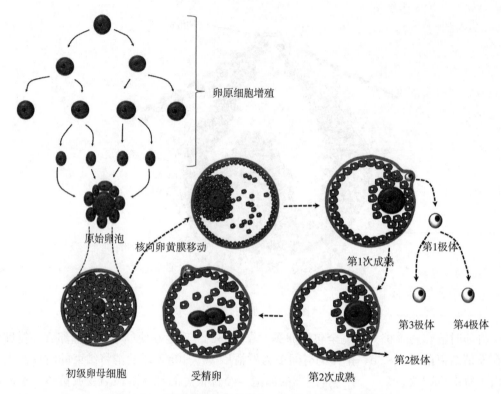

图 2-10　哺乳动物卵子的发生、生长、成熟和受精示意

七、生殖激素对发情周期的调节

（1）当母畜达到性成熟并处于正常发情季节或适当的环境条件时，某些外界刺激及体内血液中的类固醇激素，可作用于丘脑下部的神经纤维分泌释放激素，这种释放激素通过丘脑下部-垂体门脉循环直接进入垂体前叶的特异细胞，而促使其分泌促性腺激素。

（2）在发情开始前后，垂体促性腺激素中的 FSH 占优势，其作用于卵巢，促进卵泡的生长发育，卵泡内雌激素的产生增多而引起母羊发情。

（3）当卵泡分泌的雌激素在体内达到最高水平时（排卵前）通过反馈作用抑制垂体分泌 FSH，而刺激 LH 的分泌。当 LH 占主导地位时，促进排卵的发生和形成黄体。因此，雌激素分泌量的增加与 LH 量的急剧升高，有着非常密切的关系。通过正反馈又引起促乳素（LTH）的分泌。

（4）LTH 和 LH 的协同作用，促使黄体分泌孕酮。孕酮对丘脑下部及垂体具有负反馈作用，以降低其分泌促性腺激素的量。母羊不能再表现发情。在黄体期促黄体素的含量一直维持在一个比较低的水平。黄体分泌孕酮是由这个低值的促黄体素和促乳素来维持的。同时，孕酮又作用于丘脑下部抑制了 LH 的过量释放。对处于黄体期的母羊，如除去黄体则能很快使卵泡发育和排卵。

（5）在未妊娠的情况下，当黄体分泌的孕酮达到一定水平时，通过反馈作用抑制垂体LH 的分泌，黄体组织失去了对促性腺激素的感受性，黄体随之萎缩，孕激素的分泌量急剧降低。同时，子宫内膜可产生前列腺素 $PGF_{2\alpha}$，通过子宫静脉直接渗透入其相近的卵巢动脉而促使黄体消失。孕酮水平的降低，解除了对丘脑下部及垂体的抑制作用，于是FSH 的分泌又开始增加，又重新占优势，母羊再次发情，又开始了一个新的发情周期。当血液中孕激素浓度降低，母羊经 2～4d 即又表现发情（图 2 - 11）。

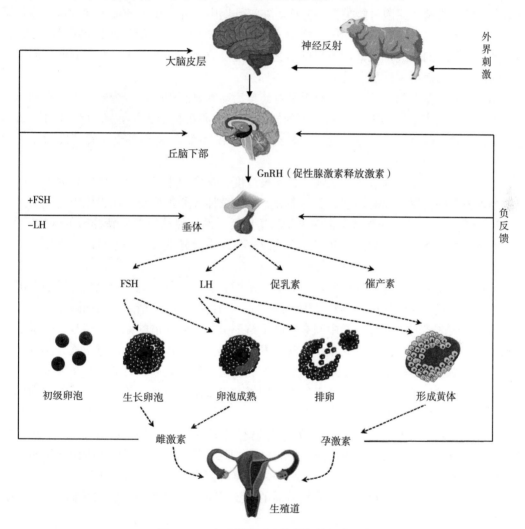

图 2 - 11 生殖激素对发情周期的调节示意

八、乏情与异常发情

1. 乏情 乏情是指初情期后青年母羊或产后母羊不出现发情周期的现象，主要表现为卵巢无周期性的活动，处于相对静止状态。引起动物乏情的因素很多，有季节性乏情、生理性乏情、营养不良引起的乏情、各种应激及疾病造成的乏情等。

（1）季节性乏情。季节性发情动物在非发情季节无发情或无发情周期，卵巢和生殖道处于静止状态。绵羊为短日照动物，乏情往往发生于长日照的夏季。在乏情季节，常通过人工逐渐缩短光照，促进 GnRH 和促性腺激素的释放，而诱导母羊发情。此外，注射促性腺激素也有一定效果。

（2）生理性乏情。包括动物妊娠、泌乳以及自然衰老所引起的乏情。绵羊的泌乳期乏情持续 5～7 周，虽然有些哺乳母羊会开始发情，但大部分母羊要在羔羊断奶后约 2 周才发情。泌乳期乏情的原因可能是：一方面，在泌乳期中，外周血中的促乳素含量较高，而促乳素对于下丘脑有负的反馈作用，抑制了促性腺激素的释放，因而垂体前叶的 FSH 分泌量减少和 LH 的合成量降低，引起母羊乏情。另一方面，泌乳太多也会抑制卵巢周期性活动的恢复，因而影响母羊发情。

（3）营养不良引起的乏情。日粮水平对卵巢活动有显著影响，因为营养不良会抑制发情，青年母羊比成年母羊更为严重。羊因缺磷会引起卵巢机能失调，从而导致初情期延迟，发情症状不明显，最后停止发情。缺乏维生素 A 和维生素 E 可引起发情周期无规律或不发情。

（4）各种应激及疾病造成的乏情。如使役过度、畜舍卫生条件（温度等）太差、运输应激等管理上的失误引起的乏情。黄体囊肿、持久黄体等卵巢机能疾病也能引起乏情。

2. 异常发情　母羊的异常发情多见于初情期后、性成熟前以及发情季节的开始阶段，营养不良、饲养不当、环境温度和湿度突然改变也易引起异常发情。常见的异常发情有以下几种：

（1）安静发情。又称安静排卵，即母羊无发情症状，但卵泡能发育成熟并排卵。带羔的母羊或者年轻、体弱的母羊均易发生安静发情。当连续 2 次发情之间的间隔相当于正常间隔的 2 倍或 3 倍时，即可怀疑中间有安静发情。引起安静发情的原因可能是生殖激素分泌不平衡。例如，当雌激素分泌量不足时，发情表现不明显；有时虽然雌激素分泌量没有减少，但在绵羊发情季节第 1 个发情周期的安静发情发生率较高，可能与其孕酮分泌量不足有关，至于发生于发情季节末期者，可能因雌激素分泌量不足导致的。安静发情的母羊如能及时配种，也可受胎。

（2）孕期发情（假发情）。母羊在妊娠时仍有发情表现，称为孕期发情。绵羊在妊娠期时发情的约有 30%，虽然发情时卵泡发育可达即将排卵时的大小，但往往不排卵。引起孕期发情的原因很复杂。据推测，主要是由激素分泌失调所致。妊娠末期的动物，胎盘分泌的雌激素量远较空怀母畜引起发情所需的雌激素量多，但并不发情，可能是因为孕酮与雌激素的颉颃作用。

（3）长期发情。囊肿卵泡内常积有大量液体，体积增大，既不排卵，也不黄体化，卵泡壁变薄，几乎没有颗粒细胞或内膜细胞，卵泡可发生周期性变化，即交替生长和退化，但不排卵。由于持续性地分泌雌激素，母羊长期发情。

（4）错过配种机会。其原因可能是由于发育卵泡很快成熟破裂而排卵，缩短了发情期，也有可能由于卵泡停止发育或发育受阻而使发情停止。

（5）断续发情。母羊发情时续时断，整个过程延续很长，这是卵泡交替发育所致，先发育的卵泡中途发生退化，新的卵泡又再发育，因此产生了断续发情的现象。当其转入正常发情时，配种也可能受胎。

（6）短周期发情和无排卵发情。卵泡发育不完全而不排卵，或者排卵后没有形成黄体，往往在发情后6～10d再次出现发情。前一次发情如果配种，肯定不会妊娠，再次发情时应及时配种。

九、母羊的发情鉴定

发情鉴定是一个重要的技术环节，其目的是及时发现发情母羊，正确掌握配种或人工授精时间，防止误配漏配，提高受胎率。由于母羊发情时间较短，发情鉴定一般采用外部观察法、阴道检查法和试情法等，也可以多种方法相结合进发情鉴定。

1. 外部观察法　母绵羊的发情期短，外部表现也不太明显，主要表现为喜欢接近公羊，并强烈摇动尾巴，当被公羊爬跨时站立不动，外阴部分泌少量黏液。母山羊发情表现明显，兴奋不安，食欲减退，反刍停止，外阴部及阴道充血、肿胀、松弛，并有黏液排出。

2. 阴道检查法　阴道检查法是通过阴道开膛器观察阴道的黏膜、分泌物和子宫颈口的变化来判断发情与否。发情母羊阴道黏膜充血，表面光亮湿润，有透明黏液流出，子宫颈口充血、松弛、开张，并有黏液流出。

进行阴道检查时，先将母羊保定好，外阴部清洗干净。开膛器经清洗、消毒、烘干后，涂上灭过菌的润滑剂或用生理盐水浸湿。操作人员左手横向持开膛器，闭合前端，慢慢插入，轻轻打开开膛器，通过反光镜或手电筒检查阴道变化，检查完后合拢开膛器，抽出。

3. 试情法　鉴定母羊是否发情多采用公羊试情的方法。

试情公羊的准备：试情公羊必须体格健壮、无疾病、性欲旺盛、2～5周岁。为了防止试情时公羊偷配母羊，要给试情公羊绑好试情布，也可做输精管结扎或阴茎移位术。

试情公羊的管理：试情公羊应单圈喂养。除试情外，不得和母羊在一起。每天早、晚各1次，定时放入母羊群中。要给予试情公羊良好的饲养条件，保持其活泼健康。对试情公羊每隔5～6d排精或本交1次，以保证公羊具有旺盛的性欲。试情结束后，应及时将试情公羊牵走，清洗试情布，晾干后备用。

试情方法：试情公羊与母羊的比例要合适，以1∶（40～50）为宜。每天早晚各进行1次。试情公羊进入母羊群后，工作人员不要轰打和喊叫，只能适当轰赶母羊群，使母羊不要拥挤在一处，发现有站立不动并接受公羊爬跨的母羊，表示该母羊已发情，要迅速挑出。有些发情母羊的外部表现不明显，主要表现愿意接受公羊，并强烈摇尾巴，准备配种。发情母羊只分泌少量黏液，因此要准确判定。

4. 激素测定法　母羊发情时孕酮水平降低，雌激素水平升高。应用酶联免疫吸附测定技术（ELISA）或放射免疫测定技术（RIA）测定血液、奶样或尿中雌激素或孕酮水平，便可进行发情鉴定。国外已有10余种发情鉴定或妊娠诊断用酶联免疫测定试剂盒供应市场，操作时只需按说明书进行，最后根据反应液颜色判断发情鉴定结果。

第六节　受精、妊娠和妊娠诊断

一、受精

受精是指单倍体的精子和卵子结合，产生双倍体合子的过程。受精的实质是把父本精子的遗传物质引入母本的卵子内，使双方的遗传性状在新的生命中得以表现，促进物种的进化和家畜品质的提高。

1. 配子的运行　配子的运行是指精子由射精部位（或输精部位）、卵子由排出的部位到达受精部位——输卵管壶腹的过程。

（1）精子的运行。羊属于阴道型射精。由于母羊的子宫颈比较粗、硬，内壁有横行的皱襞，发情时开放程度小，交配时公羊的阴茎无法插入母羊子宫颈内，只能将精液射至子宫颈的阴道部。随后精子由此穿过子宫颈逐步到达受精部位。

射精后精子在母羊生殖道通过子宫颈、子宫和输卵管3个主要管道，最后到达受精部位。由于以上各部的解剖结构和生理机能特点，精子通过这几个部位时的速度和运行方式都会发生相应变化。

母羊子宫颈黏膜具有许多纵行皱襞构成的横行沟槽（皱褶）。处于发情阶段的子宫颈黏膜上皮细胞具有旺盛的分泌作用，并由子宫颈黏膜形成许多腺窝。射精后，一部分精子借自身运动进入子宫；另一部分则进入子宫颈腺窝，暂时储存，形成精子储库。库内的活精子会相继随子宫颈的收缩活动被拥入子宫或进入下一个腺窝；而死精子可能因纤毛上皮的逆蠕动被推向阴道排出，或被白细胞吞噬而清除。

精子通过子宫颈经第1次筛选，既保证了运动和受精能力强的精子进入子宫，也防止过多的精子同时拥入子宫。因此，子宫颈也称为精子运行中的第1道栅栏。绵羊一次射精将近30亿个精子，但能通过子宫颈进入子宫者不足100万个。

通过子宫颈的精子在阴道和子宫肌收缩活动的作用下进入子宫。大部分精子在子宫内进入子宫内膜腺，形成精子在子宫内的储库。精子从这个储库中不断释放，并在子宫肌和输卵管系膜的收缩、子宫液的流动以及精子自身运动综合作用下通过子宫，进入输卵管。精子的进入促使子宫内膜腺白细胞反应加强，一些死精子和活动能力差的精子将被吞噬，使精子又一次得到筛选。精子自子宫角尖端进入输卵管时，宫管连接部成为精子向受精部位运行的第2道栅栏，由于输卵管平滑肌的收缩和管腔的狭窄，使大量精子滞留于该部，并能不断向输卵管释放。

进入输卵管的精子，靠输卵管的收缩、黏膜皱襞及输卵管系膜的复合收缩，以及管壁上皮纤毛摆动引起的液流运动继续前行。在壶峡连接部精子则会因峡部括约肌的有力收缩被暂时阻挡，形成精子到达受精部位的第3道栅栏，限制更多精子进入输卵管壶腹部，在一定程度上防止卵子发生多精受精。各种动物的精子能够到达输卵管壶腹部的一般不超过1 000个，最后在受精部位完成正常受精的只有1个精子。

精子自射精（输精）部位到达受精部位的时间远比精子自身运动的时间要短。牛、羊在交配后15min左右即可在输卵管壶腹部发现精子。精子运动的速度与母畜的生理状态、黏液的性状以及母畜的胎次都有密切关系。

精子在母畜生殖道内存活时间和维持受精能力的时间：精子在母羊生殖道内存活时间大致为48h，维持受精能力的时间比存活时间要短些，绵羊为30～36h。精子在母畜生殖道内存活和保持受精能力时间的长短，不仅与精子本身的生存能力有关，而且也与母畜生殖道的生理状况有关。在确定配种时间、配种间隔时，都具有重要参考意义。

母羊生殖道肌肉的收缩、生殖道管腔液体的流动以及精子自身的运动是精子在母羊生殖道内运行的主要动力。

发情母畜在激素和神经的调控下，可引起其生殖道肌肉的收缩活动。阴道、子宫颈、子宫和输卵管的收缩是精子运行的主要动力。子宫肌的收缩是由子宫颈向子宫、输卵管方向的一种逆蠕动，交配时，催产素的分泌可使这种蠕动加强，促进子宫内的精子向输卵管运行。

由于尾部活动，精子可在母畜生殖道内向前游动，但对其达到受精部位的作用是次要的。实验证明，活精子到达受精部位的时间要略早于死精子。

精子进入子宫内会引起白细胞反应而被吞噬；生殖道上皮纤毛的摆动也会将某些畸形或受损的精子送入子宫颈返回阴道被排出体外。而到达输卵管伞部的精子也有可能继续前进进入腹腔。

（2）卵子的运行。母畜接近排卵时，输卵管伞充分开放、充血，并靠输卵管系膜肌肉的活动使输卵管伞紧贴于卵巢的表面，加上卵巢固有韧带收缩而引起卵巢围绕自身纵轴进行旋转运动，使伞的表面更接近卵巢囊的开口部。排出的卵子常被黏稠的放射冠细胞包围，附着于排卵点上。输卵管伞黏膜上摆动的纤毛将排出的卵子送入输卵管伞的喇叭口。母羊因输卵管伞部不能完全包围卵巢，有时造成排出的卵子落入腹腔。

被输卵管伞接纳的卵子，借助输卵管管壁纤毛摆动和肌肉活动，以及该部管腔较宽大的特点，很快进入壶腹的下端。在这里和已运行到此处的精子相遇完成受精过程。排出的卵子被卵泡细胞形成的放射冠所包围，在运行的过程中，放射冠会逐渐脱落或退化，使卵子（卵母细胞）裸露。绵羊的放射冠一般在排卵后几个小时退化。

受精卵在壶峡连接部停留的时间较长，可达70h左右。该部的括约肌收缩、局部水肿使管腔闭合、输卵管的逆蠕动等综合影响控制了卵子下行，以防止受精卵过早进入子宫，是一种生理保护作用。

排出的卵子保持受精能力的时间比精子要短，绵羊为12～16h。其受精能力的消失有一个过程，因个体差异大、影响因素多，精确测定比较困难。

2. 配子在受精前的准备

（1）精子获能。精子在受精前必须在子宫或输卵管内经历一段时间，在形态和生理上发生某些变化，机能进一步成熟，才具备受精能力。

获能后的精子耗氧量增加，运动的速度和方式发生改变，尾部摆动的幅度和频率明显增加，呈现一种非线性、非前进式的超活化运动状态。一般认为，精子获能的主要意义是使精子做顶体反应的准备和精子超活化，促进精子穿越透明带。精子获能部位主要是子宫和输卵管。绵羊精子获能的时间为1.5h。

（2）卵子的准备。卵子与输卵管液混合后才能受精；否则，即使足够成熟的卵子也不能受精。试验表明，一些动物的卵子能释放受精素，对精子有排斥作用，母畜生殖道液体中有抗受精素，能迅速中和受精素，有利于精子和卵子结合。此外，卵子到受精部位后也有一个生理成熟过程，其实质尚不明了。

3. 受精过程 哺乳动物的受精过程主要包括以下几个主要步骤：精子穿越放射冠（卵丘细胞）；精子接触并穿越透明带；精子与卵子质膜融合；雌雄原核形成；配子配合和合子形成等。

二、胚胎的早期发育

合子形成后即进行有丝分裂，因此早期胚胎的发育在输卵管内就开始了。受精卵的发育及其进入子宫的时间有明显的种间差异。

早期胚胎的发育有一段时间是在透明带内进行，细胞（卵裂球）数量不断增加，但总体积并不增加，且有减小的趋势。这一分裂阶段维持时间较长，称为卵裂。卵裂的特点是：①为有丝分裂，DNA 复制迅速。②卵裂球的数量增加，原生质的总量并不增加，甚至还有减少的趋势。③发育所需的营养物质主要来自母体的输卵管和子宫。④胚胎发育在透明带内进行。

根据形态特征可将早期胚胎的发育分为以下几个阶段（图 2-12）：

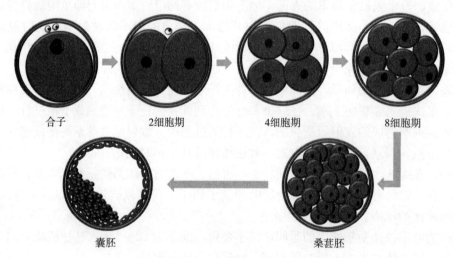

合子　　2细胞期　　4细胞期　　8细胞期

囊胚　　　桑葚胚

图 2-12　受精卵的发育

（1）桑葚胚。合子在透明带内进行有丝分裂，卵裂球呈几何级数增加。但是，通常卵裂球并非均等分裂，往往较大的一个先分裂，较小的后分裂，造成某瞬间会出现卵裂球为奇数的情况。当胚胎的卵裂球达到 16～32 个细胞时，细胞间紧密连接，形成致密的细胞团，形似桑葚，称为桑葚胚。

（2）囊胚。桑葚胚继续发育，细胞开始分化，出现细胞定位现象。胚胎的一端，细胞个体较大，密集成团称为内细胞团；另一端，细胞个体较小，只沿透明带的内壁排列扩展，这一层细胞称为滋养层；在滋养层和内细胞团之间出现囊胚腔。这一发育阶段称为囊胚。

　　囊胚阶段的内细胞团进一步发育为胚胎，滋养层则发育为胎膜和胎盘。囊胚进一步扩大，逐渐从透明带中伸展出来，变为扩张囊胚，这一过程称作孵化。囊胚一旦脱离透明带，即迅速扩展增大，由于细胞的分工而失去全能性。

　　（3）原肠胚。囊胚进一步发育，出现2种变化：①内细胞团外面的滋养层退化，内细胞团裸露，成为胚盘；②在胚盘的下方衍生出内胚层，它沿着滋养层的内壁延伸、扩展，衬附在滋养层的内壁上，这时的胚胎称为原肠胚。在内胚层的发生中，除绵羊是由内细胞团分离出来外，其他家畜均由滋养层发育而来。

　　原肠胚进一步发育，在滋养层（也即外胚层）和内胚层之间出现中胚层；中胚层进一步分化为体壁中胚层和脏壁中胚层，2个中胚层之间的腔隙，构成以后的体腔。3个胚层的建立和形成，为胎膜和胎体各类器官的分化奠定了基础。

三、妊娠识别

　　卵子受精以后，妊娠早期，胚胎即可产生某种化学因子（激素）作为妊娠信号传给母体，母体随即做出相应的生理反应，以识别和确认胚胎的存在，为胚胎和母体之间生理及组织的联系做准备，这一过程称妊娠识别。

　　妊娠识别的实质是胚胎产生某种抗溶黄体物质（羊胚胎产生的滋养层糖蛋白），作用于母体的子宫或（和）黄体，阻止或抵消 $PGF_{2\alpha}$ 的溶黄体作用，使黄体变为妊娠黄体，维持母畜妊娠。绵羊妊娠识别的时间为12～13d。

四、胚泡附植

　　囊胚阶段的胚胎又称胚泡。胚泡在子宫内发育的初期阶段处于一种游离状态，并不与子宫内膜发生联系，称为胚泡游离。由于胚泡内液体不断增加，体积变大，在子宫内的活动才逐步受到限制，与子宫壁相贴附，随后才与子宫内膜发生组织及生理的联系，位置固定下来，这一过程称为附植，也称附着、植入或着床。

　　1. 附植的部位　胚泡在子宫内附植的部位，通常都是对胚胎发育最有利的位置。其基本规律是选择子宫血管稠密、营养供应充足的部位，且胚泡间有适当的距离，以防止拥挤。一般是位于子宫系膜对侧。多胎动物可通过子宫内迁作用均匀分布在两侧子宫角；羊单胎时，常在子宫角下1/3处，双胎时则均分于两侧子宫角。

　　2. 附植的时间　胚泡附植是一个渐进过程，在游离期之后，胚泡与子宫内膜即开始疏松附植（配种后11～14d）；紧密附植的时间是在此后较长的一段时间（22d），最终以胎盘形成告终。

　　子宫的环境条件与胚胎发育的同步程度对附植的顺利完成也具有重要意义，这可能成为附植失败和早期胚胎死亡的原因之一。

　　排卵后由于黄体分泌活动逐渐加强，在孕激素的作用下子宫肌的收缩活动和紧张度减弱；子宫内膜充血、增厚、上皮增生，子宫腺盘曲明显，分泌能力增强，为胚泡的附植提供了有利的环境条件，特别是子宫乳的产生，成为胚泡附植过程中的主要营养来源。

在雌激素和孕激素的协同作用下，子宫内膜可形成一种接受胚泡和允许附植条件。但这种接受的时间是有限的，与卵巢激素的分泌，特别是与雌激素、孕激素的比例有关，也涉及子宫内膜本身的反应能力。

3. 影响胚泡附植的因素

（1）母体激素。母体雌激素和孕激素的水平及比值变化对胚泡的附植十分重要。

（2）胚泡激素。胚泡一旦形成就可分泌某些激素促进和维持黄体的功能。其中的孕酮对于整个子宫来说是一种抗炎剂，可抑制子宫的炎性反应，防止对胚泡的感染；但是，对于即将附植的部位又可改变其毛细血管的通透性，表现为一种类似的炎性反应，为胚泡的滋养层与子宫内膜的进一步接触，乃至胎盘的形成奠定基础。胚泡雌激素则对附植部位的孕酮具有一定的颉颃作用，更有利于胚泡和子宫内膜的相互作用。

（3）子宫对胚泡的接受性。胚泡并非完全来自母体的组织，一般情况下，子宫对胚泡应有排异的免疫反应。正是在雌激素和孕激素的协同作用下，使子宫内膜允许胚泡附植，不被排斥。胚泡对子宫环境也有依附性，只有子宫环境的变化与胚泡的发育同步，胚泡才有望顺利实现附植。胚泡和子宫内膜之间任何一方不协调，都可能造成附植中断。

五、胎儿发育

胎儿是由囊胚的内细胞团分化发育起来的，悬浮于充满羊水的羊膜腔中。胎儿和母体都有血管分布到胎盘上，胎儿出生前获取的营养主要通过胎盘运转这一途径实现。妊娠 90～100d 时胎盘的重量迅速增加。此时若遇高温环境或严重营养缺乏，胎盘生长受阻，胎儿营养供给减少，从而导致胎儿生长迟缓，初生重小。一般山羊的妊娠期略长于绵羊，山羊妊娠期为 142～161d，平均为 152d。绵羊的妊娠期为 146～157d，平均为 150d。

六、妊娠的维持和妊娠母羊的变化

1. 妊娠的维持　妊娠的维持，需要母体和胎盘产生的有关激素的协调和平衡；否则，将导致妊娠中断。在维持母畜妊娠的过程中，孕酮和雌激素至关重要。排卵前后，血液中雌激素和孕酮含量的变化，是子宫内膜增生、胚泡附植的主要动因。而在整个妊娠期内，孕酮对妊娠的维持有多方面作用：一是抑制雌激素和催产素对子宫肌的收缩作用，使胎儿的发育处于平静而稳定的环境；二是促进子宫颈栓体的形成，防止妊娠期间异物和病原微生物侵入子宫，危及胎儿；三是抑制垂体 FSH 的分泌和释放，抑制卵巢上卵泡发育和母畜发情；四是妊娠后期孕酮水平的下降有利于分娩的发动。

雌激素和孕激素的协同作用可改变子宫基质，增强子宫的弹性，促进子宫肌和胶原纤维的增长，以适应胎儿、胎膜和胎水增长对空间扩张的需求；还可刺激和维持子宫内膜血管的发育，为子宫和胎儿的发育提供营养。妊娠黄体在妊娠期内是必需的。

2. 妊娠母羊的主要生理变化

（1）生殖器官的变化。

①卵巢。受精后有胚胎发育时，母羊卵巢上的黄体转化为妊娠黄体继续存在，分泌孕酮，维持妊娠。发情周期中断。妊娠早期，卵巢偶有卵泡发育，致使孕后发情，但多不能排卵而退化，闭锁。

②子宫。妊娠期间，随着胎儿的发育，母羊子宫容积增大，通过增生、生长和扩展的方式以适应生长的需要。同时，子宫肌层保持着相对静止和平稳的状态，以防胎儿过早排出。附植前，在孕酮的作用下子宫内膜增生，血管增加，子宫腺增长、卷曲、白细胞浸润；附植后，子宫肌层肥大。子宫扩展期间，自身生长减慢，胎儿迅速生长，子宫肌层变薄，纤维拉长。

③子宫颈。内膜腺管数增加并分泌黏稠的黏液封闭子宫颈管，称为子宫栓。子宫栓在分娩前液化排出。

④阴道和阴门。妊娠初期，阴门收缩紧闭，阴道干涩；妊娠后期，阴道黏膜苍白，阴唇收缩；妊娠末期，阴唇、阴道水肿，柔软有利于胎儿产出。

（2）母羊的全身变化。妊娠后，随着胎儿生长，母羊新陈代谢加强，食欲增加，消化能力提高，营养状况改善，体重增加，被毛光润。妊娠后期，胎儿迅速生长发育，母羊常不能消化足够的营养物质满足胎儿的需求，需消耗前期储存的营养物质，供应胎儿。胎儿生长发育最快的阶段，也是钙、磷等矿物质需要量最多的阶段，往往会造成母羊体内钙、磷含量降低。若不能从饲料中得到补充，则易造成母羊脱钙，出现后肢跛行、牙齿磨损快、产后瘫痪等表现。

在胎儿不断发育的过程中，由于子宫体积的增大、内脏受子宫的挤压，引起循环、呼吸、消化、排泄等器官适应性的变化。腹主动脉和腹腔、盆腔中的静脉因受子宫压迫，血液循环不畅，使躯干后部和后肢出现淤血，以及心脏负担过重引起的代偿性"左心室妊娠性肥大"等症状。母羊呼吸运动浅而快，肺活量变小。消化及排泄器官因受压迫，时常出现排粪、排尿次数增加，而量减少。由于血流量增加，心血输出量提高，进入子宫的血量在妊娠后期增加几倍到十几倍。妊娠后期，血液中碱储下降，酮体较多，有时会导致"妊娠性酮血症"。此外，还出现血凝固能力增强、红细胞沉降速度加快等现象。

七、妊娠诊断

1. 外部观察法　母羊食欲旺盛，被毛光顺，行动稳健，腹围增大，尤以右侧腹壁突出，阴门紧闭，阴道黏膜苍白、分泌黏液浓稠。配种后 2 个情期内不再发情。常用 30d 不返情率来判断，即配种后不再发情的母羊数在配种母羊中所占的百分比。因为有一部分羊胚胎早期死亡，还有个别羊未妊娠也不再发情，所得数值往往大于实际受胎数值。

2. 摸胎法　配种后 60d，可在早晨空腹时进行妊娠诊断。诊断时术者将母羊头颈夹在两腿中间，弯腰将两手从两侧放在母羊腹下乳房的前方，微微托起腹部，左手将母羊右腹向左微推，可摸到胎儿似较硬的小块，当手感仅一硬块时为单羔，如两边各感有一硬块时为双羔，如在胸后方还感有一硬块时为三羔，如在左右胁部上方还感有一硬块时为四羔。

摸胎时手要轻柔灵活，以免造成流产。

3.阴道检查法 主要检查黏膜和黏液。用开膣器打开阴道，妊娠母羊阴道黏膜为粉白色，但很快（几秒）变为粉红色，黏液量少而黏稠，能拉成线。空怀的为粉红色或苍白，并且由红色变白色的速度较慢。黏液量多，稀薄，或色灰白而呈脓样，多代表未孕。

4.B超检查法 国外从20世纪60年代中期普及应用超声波诊断母羊妊娠。我国到20世纪70年代末期超声波诊断技术的应用有了较大发展。B超在妊娠检查中，探查准确率高、重复性好、方法简便、安全而无副作用。此外，还可准确诊断出子宫蓄脓、胎衣不下、死胎、化脓性子宫内膜炎和卵巢囊肿等。不过，应当指出，早春母羊营养不良，发情时断时续，加之有些母羊妊娠后仍有假发情现象，故应仔细辨认，以免误配流产。

5.激素对抗法 配种后20d肌内注射羊妊娠诊断试剂1支，5d内不发情者为妊娠羊。

第七节 分娩与助产

分娩是指哺乳动物将发育成熟的胎儿和胎盘从子宫中排出体外的生理过程。分娩的发生依赖于内分泌、中枢神经系统、物理与化学因素等多种因素的协调、配合，母体和胎儿共同参与完成。分娩过程可分为开口期、胎儿产出期和胎衣排出期3个阶段。分娩过程顺利与否取决于母羊的产力、产道及胎儿与产道的关系，发生难产时要及时助产。产后需精心护理母羊和羔羊，防治胎衣不下、子宫脱出、产后瘫痪等产后常见疾病。妊娠期即将结束时，可利用外源激素诱导母羊在预定的时间内分娩，以方便管理。

一、分娩发动机理

妊娠期满，哺乳动物将发育成熟的胎儿和胎盘从子宫中排出体外的生理过程，称为分娩（parturition）。分娩的发动是在内分泌和神经等多种因素的协调、配合下，由母体和胎儿共同参与完成的（表2-2），但这些因素的确切作用和相互关系仍未完全了解，并且在不同的物种间存在一定的差异。目前，对牛、羊和猪分娩发动的机理研究比较清楚，但对马分娩发动的机理还有待深入研究。

表2-2 关于分娩发动的一些学说

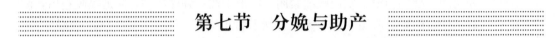

（Reproduction in Farm Animals，Hafez ESE，2000）

学说	可能的机制
孕酮浓度下降	妊娠时，孕酮阻断子宫肌肉收缩；临近妊娠期满时，孕酮阻断作用下降
雌激素浓度上升	克服孕酮阻断子宫肌肉收缩的作用，使子宫肌肉自发性的收缩增强
子宫容积的增大	克服孕酮阻断子宫肌肉收缩的作用
催产素的释放	导致雌激素致敏的子宫肌肉收缩
$PGF_{2\alpha}$的释放	刺激子宫肌肉收缩，引起导致孕酮下降的溶黄体作用（依赖黄体的物种）

（续）

学说	可能的机制
胎儿下丘脑-垂体-肾上腺轴的激活作用	胎儿皮质类固醇引起孕酮水平下降、雌激素水平上升和$PGF_{2\alpha}$的释放，导致子宫肌肉收缩

1. 中枢神经系统　神经系统对分娩过程具有调节作用。当子宫颈和阴道受到胎儿前置部分压迫和刺激时，神经反射的信号经脊髓神经传入大脑再进入垂体后叶，引起催产素的释放，从而增强子宫肌肉的收缩。多数动物在夜间分娩，特别是马、驴，分娩多发生于天黑安静的时候，而羊则一般在夜间或清晨分娩。其原因可能是夜间外界光线弱及干扰少，中枢神经易于接受来自子宫及产道的冲动信号，说明外界因素可能对神经系统调节分娩有影响。

2. 内分泌影响

（1）胎儿内分泌变化。胎儿和母体都对分娩的启动发挥着重要作用。在反刍动物（如绵羊、山羊和牛），胎儿内分泌系统对分娩的发动起决定性作用，但在其他物种（如马和人），其作用不明显。现已证实，牛、羊成熟胎儿的下丘脑-垂体-肾上腺系统对分娩的发动起着至关重要的作用，妊娠期的延长通常与胎儿大脑和肾上腺的发育不全（异常）有关。

（2）母体内分泌变化。母体的生殖激素变化与分娩发动有关，但这些变化在不同物种间差异很大。

①孕酮。各种家畜产前孕酮含量的变化不尽相同。孕酮含量开始降低的时间：绵羊在分娩前1周，山羊在分娩前几天快速下降。

②雌激素。绵羊和山羊的雌激素在分娩前16～24h达到高峰。雌激素可刺激子宫肌的生长和肌球蛋白的合成，提高子宫肌的规律性收缩能力，而且能使子宫颈、阴道、外阴及骨盆韧带变得松软。雌激素还可促进子宫肌$PGF_{2\alpha}$的合成和分泌，以及$PGF_{2\alpha}$与催产素受体的结合，从而导致黄体退化、提高子宫肌对催产素的敏感性。

③催产素。在妊娠早期，子宫对大剂量的催产素不发生反应，但到了妊娠末期，仅用少量催产素即可引起子宫强烈收缩。只有在分娩时，当胎儿进入产道后催产素才大量释放，并且是在胎儿头部通过产道时才出现高峰，使子宫发生强烈收缩。因此，催产素对维持正常分娩具有重要作用，但可能不是启动分娩的主要激素。临产前，孕激素和雌激素比值的降低可促进催产素的释放，胎儿及胎囊对产道的压迫和刺激也可反射性地引起催产素的释放。

④前列腺素。对分娩发动起主要作用，表现为：溶解妊娠黄体，解除孕酮的抑制作用；直接刺激子宫肌收缩；刺激垂体后叶释放大量催产素。$PGF_{2\alpha}$对羊的分娩尤为重要，分娩前24h，山羊和绵羊母体胎盘分泌的$PGF_{2\alpha}$浓度剧增，其时间和趋势与雌激素相似。其他家畜也有类似变化。

⑤松弛素。牛和绵羊的松弛素主要来自黄体，它可使经雌激素致敏的骨盆韧带松弛，骨盆开张，子宫颈松软，产道松弛、弹性增加。

⑥皮质醇。分娩发动与胎儿肾上腺皮质激素有关。分娩前各种家畜皮质醇水平的变化

不同，黄体依赖性家畜，如山羊、绵羊、兔，产前胎儿皮质醇水平显著升高，母体血浆皮质醇水平也明显升高。在绵羊、山羊，胎儿肾上腺释放的皮质醇通过激活胎盘中的 17α-羟化酶将孕酮转化为雌激素，使母体雌激素与孕酮比值升高，这对分娩的发动起着至关重要的作用。

3. 物理与化学因素　胎膜的增长、胎儿的发育使子宫体积扩大，重量增加，特别是妊娠后期，胎儿的迅速发育、成熟，对子宫的压力超出其承受的能力，从而引起子宫反射性收缩，发动分娩。当胎儿进入子宫颈和阴道时，刺激子宫颈和阴道的神经感受器，反射性地引起母体垂体后叶释放催产素，从而促进子宫收缩并释放 $PGF_{2\alpha}$。催产素和 $PGF_{2\alpha}$ 水平的进一步增高，引起子宫肌收缩加剧，促进胎儿的排出。

4. 免疫学因素　有人认为，分娩是由免疫学原因引起的，胎儿发育成熟后，会引起胎盘脂肪变性。胎盘的变性分离使孕体遭到免疫排斥而与子宫分离，即分娩是免疫排异的具体表现。在正常妊娠期间，胎儿免疫器官发育不完善，所产生的抗原物质免疫原性较弱，同时母体和胎儿产生一些与妊娠有关的特异性物质（如早孕因子、干扰素、甲胎蛋白等），从而使母体与胎儿的免疫反应达到平衡状态，即产生免疫耐受；相反，一旦平衡状态被破坏，便会发生早产或延期分娩。

引起正常分娩的主要免疫学原因有以下几方面：一是胚胎抗原在早期的免疫原性较弱，母体往往视其为自我物质，从而产生免疫耐受；二是胎盘的滋养层细胞无抗原性，或免疫原性不强，或有抗原掩护，母体对其不易产生免疫反应；三是妊娠时子宫内膜的蜕膜组织可能具有局部的免疫抑制作用；四是母体与胚胎之间可进行免疫交换，而在胚胎的发育过程中又不断产生新的抗原，它们之间的免疫关系，在一定时间内可以互相耐受；五是在胎儿生长发育期间不断产生某些免疫抑制物质，可以抑制母体的免疫反应；六是妊娠期间母体产生的某些不相容性物质可被胎水、胎膜囊调节所清除，故胎水和胎膜囊可看作是免疫保护的屏障，该屏障一旦受到破坏，便会引起胎儿死亡。

二、分娩预兆和分娩过程

随着胎儿发育成熟，临近分娩前母羊发生一系列生理及行为变化，分娩时排出胎儿的力量主要靠子宫和腹肌的强烈收缩，但能否顺利产出胎儿，与胎儿在子宫内的状态、位置等密切相关。

1. 分娩预兆　母羊分娩前子宫颈和骨盆韧带松弛，胎羔活动和子宫的敏感性增强。分娩前 12h 子宫内压增高，子宫颈逐渐扩张。分娩前数小时，母羊精神不安，出现刨地、转动和起卧等现象。山羊阴唇变化不明显，至产前数小时或 10 余 h 才显著增大，产前排出黏液。

2. 决定分娩过程的因素　分娩过程的完成取决于产力、产道及胎儿与产道的关系。如果这 3 个条件能互相协调，分娩就能顺利完成；否则，就可能导致难产。

（1）产力。将胎儿从子宫中排出体外的力量称为产力。它是由子宫肌、腹肌和膈肌的节律性收缩共同作用的结果。子宫肌的收缩称为阵缩，是分娩过程中的主要动力；腹肌和膈肌的收缩称为努责，它在分娩的第 2 期中与子宫收缩协调，对胎儿的产出具有十分重要的作用。

(2) 阵缩。在分娩时，由于催产素的作用，使子宫肌出现不随意的收缩，称为阵缩（又称宫缩），母体伴有痛觉。阵缩开始于分娩开口期，经过产出期而至胎衣排出期结束，即贯穿于整个分娩过程。

(3) 努责。当子宫颈管完全开张，胎儿经过子宫颈进入阴道时，刺激骨盆腔神经，引起骨骼肌和膈肌反射性收缩，即努责。母羊表现为暂停呼吸，腹肌和膈肌的收缩迫使胎儿向后移动。努责比阵缩出现晚、停止早，主要发生在胎儿产出期。

3. 产道 是胎儿由子宫内排出体外的必经通道，由软产道和硬产道共同构成。

(1) 软产道。包括子宫颈、阴道、阴道前庭及阴门。子宫颈是子宫的门户，妊娠时紧闭；妊娠末期到临产前，在松弛素和雌激素的共同作用下，软产道的各部分变得松弛柔软。分娩时，阵缩将胎儿向后方挤压，子宫颈管被撑开扩大，阴道也随之扩张，阴道前庭和阴门也被撑开扩大。初产母羊分娩时，软产道往往扩张不全，影响分娩过程。

(2) 硬产道。即骨盆，由荐骨、前3个尾椎、髋骨及荐坐韧带构成。骨盆可以分为4个部分：骨盆入口、骨盆出口、骨盆腔、骨盆轴。

由于家畜种类不同，骨盆构造存在一定的差异。羊的骨盆入口为唇圆形，倾斜度很大，坐骨结节扁平外翻，骨盆轴与马相似，呈弧形，利于骨盆腔扩张，胎儿通过比较容易。

4. 胎儿与产道的关系 胎儿和母体产道的相互关系对胎儿的产出有很大影响。此外，胎儿的大小和畸形与否也影响胎儿能否顺利产出。及时了解产前及产出时胎向、胎位和胎势的变化，对于早期发现分娩异常、确定适宜的助产时间和方法及抢救胎儿的生命具有重要意义。在分娩时，各种家畜胎儿在子宫中的方向大体呈纵向，其中大多数为前躯前置，少数为后躯前置。

妊娠期间，子宫随胎儿的发育而扩大，使胎儿与子宫形状相互适应。妊娠子宫呈椭圆形囊状，胎儿在子宫内呈蜷缩姿势，头颈向着腹部弯曲，四肢收拢屈曲于腹下，呈椭圆形。产出时，胎儿的方向不会发生变化，因子宫内的容积不允许其发生改变，但胎位和胎势则必须改变，使其肢体成为伸长的状态，以适应骨盆的形状。如果胎儿保持屈曲的侧卧或仰卧姿势，将不利于分娩。阵缩时胎儿姿势的改变，主要表现在胎儿旋转，改变成背部向上的上位，头颈和四肢伸展，使整个身体呈细长姿势，有利于通过产道。

正常的胎位是上位，但轻度侧位并不会造成难产，也认为是正常的。胎儿有3个比较宽大的部分，即头、肩和臀。在分娩时，这3个部分难以通过产道，特别是头部。

三、分娩过程

分娩过程从母羊子宫和腹肌出现收缩开始，到胎儿和附属物排出为止，大体可分为开口期、胎儿产出期和胎衣排出期3个阶段。实际上开口期和胎儿产出期没有明显的界线，母羊分娩过程的3个阶段有明显的种间差异。

1. 开口期 子宫开口期，也称宫颈开张期，是指从子宫开始阵缩起，到子宫颈口完全开张，与阴道的界限消失为止的这段时间。在此期间，产畜寻找不易受干扰的地方等待分娩，初产母羊表现不安、常做排尿姿势、呼吸加快、起卧频繁、食欲减退等；经产母羊表现不甚明显。这一阶段的特点是只有阵缩，没有努责。开始收缩的频率低，间歇时间长，持续收缩的时间和强度低；随后收缩频率加快，收缩的强度和持续时间增加，到最后每隔几分钟收缩1次。

2. 胎儿产出期 简称产出期，指从子宫颈完全开张到胎儿排出为止的这段时间。在这段时间内，子宫的阵缩和努责共同发生作用。努责是指膈肌和腹肌的反射性和随意性收缩，一般在胎膜进入产道后才出现，是排出胎儿的主要动力，它比阵缩出现晚、停止早。在产出期母羊表现烦躁不安、呼吸和脉搏加快，最后侧卧，四肢伸直，强烈努责。

分娩顺利与否，与骨盆腔扩张的关系很大。骨盆腔的扩张除与骨盆韧带，特别是荐坐韧带的松弛程度有关外，还与母羊是否卧下有密切关系。母羊在分娩时多采用侧卧且后肢挺直的姿势，这是因为在卧地时有利于分娩，胎儿接近并容易进入骨盆腔；腹壁不负担内脏器官及胎儿的重量，因而收缩更为有力，有利于骨盆腔的扩张。由于荐骨、尾椎及骨盆部的韧带是臀中肌、股二头肌（马、牛）及半腱肌（马）的附着点，母羊侧卧且两腿向后挺直，这些肌肉得以松弛，荐骨和尾椎能够向上活动，骨盆腔及其出口就变得容易扩张；而若站立分娩，肌肉的紧张将导致荐骨后部及尾椎向下拉紧，骨盆腔及出口的扩大受到限制。胎儿产出期，阵缩的力量、次数及持续时间增加。与此同时，胎囊及胎儿的前置部分刺激子宫颈及阴道，使垂体后叶催产素的释放量骤增，从而引起腹肌和膈肌的强烈收缩。努责与阵缩密切配合，并逐渐加强。由于强烈阵缩及努责，胎水挤压着胎膜向完全开张的产道运动，最后胎膜破裂，排出胎水。胎儿也随着努责向产道内移动，当间歇时，胎儿又稍退回子宫；但在胎儿进入骨盆之后，间歇时不能再退回。胎儿最宽部分的排出需要较长时间，特别是胎儿头部，当通过骨盆及其出口时，母羊努责十分强烈。在胎儿头部露出阴门以后，母羊往往稍事休息，随后继续努责，将胎儿胸部排出，然后努责骤然缓和，其余部分很快排出，胎儿产出后努责停止，母羊休息片刻便站立起来，开始照顾新生羔羊。

3. 胎衣排出期 胎衣是胎膜的总称。胎衣排出期（expulsion of the fetal membranes）指胎儿排出后到胎衣完全排出为止的这段时间。胎儿产出后，母羊稍加休息，几分钟后，子宫恢复阵缩，但阵缩的频率和强度都比较弱，伴随轻微的努责将胎衣排出。

胎衣能够排出主要得益于分娩过程中子宫强有力的收缩，使胎盘中大量的血液被排出，子宫黏膜窝（母体胎盘）张力减小，胎儿胎盘体积缩小、间隙加大，使绒毛容易从子宫黏膜窝中脱出。

由于各种动物胎盘组织结构有差异，所以胎衣排出的时间也各不相同。母羊在一昼夜之间的各个时间都可能产羔，以9:00—12:00和15:00—18:00产羔较多，胎衣通常在分娩后2~4h内被排出。

四、助产

在自然状态下，动物往往自己寻找安静地方，将胎儿产出，并让其吮吸乳汁。因此，原则上对正常分娩的母羊无须助产。助产人员的主要职责是监视母羊的分娩情况，发现问题及时给母羊必要的辅助，并对羔羊及时护理，确保母仔平安。

1. 助产前的准备

（1）产房准备。对产房的一般要求是宽敞、清洁、干燥、安静、无贼风、阳光充足、通风良好、配有照明设施。在转入妊娠母羊前，必须对产房墙壁及饲槽消毒，换上清洁柔软的垫草。天冷的时候，产房须有保温条件。根据配种记录和产前预兆，一般在产前1～2周将妊娠母羊转入产房。

（2）药械及用品。70%乙醇、5%碘酒、消毒溶液、催产药物、注射器、脱脂棉花和纱布、体温表、听诊器、细绳和产科绳、常用产科器械、毛巾、肥皂、脸盆等。

（3）助产人员。助产人员应受过助产训练，熟悉母羊分娩规律，严格遵守助产操作规程及必要的值班制度，尤其在夜间。在助产时要注意自身消毒和防护，避免人身伤害和人兽共患病的感染。

2. 正常分娩的助产

（1）做好助产准备。用热水清洗并消毒母羊外阴部及其周围。胎儿产出期开始时，助产人员应系上橡胶围裙，穿上橡胶鞋，戴上消毒手套，准备做必要的检查工作。

对于长毛品种，要剪掉乳房、会阴和后肢部位的长毛；用温水、肥皂水将妊娠母羊外阴部、肛门、尾根及乳房洗净擦干，再用新洁尔灭溶液消毒。

（2）进行助产处理。

①临产检查。胎儿前置部分进入产道时，检查胎向、胎位及胎势，对胎儿的异常做出早期诊断，及早发现，尽早矫正；除检查胎儿外，还可检查母羊骨盆有无变形，阴门、阴道及子宫颈的松软扩张程度，以判断有无因产道异常而发生难产的可能。这样不仅能避免难产，甚至还可急救胎儿。正生时，胎儿三件（唇和二蹄）俱全，则可等候自然产出。

②及时助产遇到下述情况时，要及时帮助拉出胎儿：母羊努责阵缩微弱，无力产出胎儿；产道狭窄或胎儿过大，产出滞缓；正生时胎儿头部通过阴门困难，迟迟没有进展。

当胎儿头部露出阴门之外，而羊膜尚未破裂时应立即撕破羊膜，擦净胎儿鼻孔内的黏液，露出鼻端，便于胎儿呼吸，防止窒息。

遇到羊水已流失，即使胎儿尚未产出，也要尽快将胎儿拉出，可抓住胎头及前肢，随母羊努责，沿骨盆轴方向拉出胎儿，在牵拉过程中要注意保护阴门不被撕裂。

③擦去口鼻黏液。胎儿产出后，要立即擦去其口腔和鼻腔黏液，防止吸入肺内引起异物性肺炎。

④注意断脐和脐带消毒。胎儿产出后，若脐带被自行挣断，一般可不结扎；但若产出后脐带不断，可用手捋着脐带向羔羊腹部挤压血液至体内，以增进羔羊健康，然后在距脐带基部5～10cm处结扎断脐。羔羊脐带的断端必须用5%～10%碘酊浸泡，以防止感染或发生破伤风。

五、难产种类及其助产

1. 难产的种类和发生率

（1）难产的种类。难产分为产力性、产道性和胎儿性3种。前2种是由母体原因引起的，后一种则是由胎儿原因引起的。

①产力性难产。包括产力异常（阵缩及努责微弱、努责过强等）、破水过早和子宫疝气等。子宫弛缓是指在分娩的开口期及胎儿排出期，子宫肌层的收缩频率、持续期及强度不足，导致胎儿不能排出。努责过强是指母羊在分娩时子宫壁及腹壁的收缩时间长、间歇短、力量强，有时子宫壁的一些肌肉还出现痉挛性的不协调收缩，形成狭窄环。破水过早是指在子宫颈尚未完全松软开张、胎儿姿势尚未转正或进入产道时，胎囊即已破裂，胎水流失。

②产道性难产。是指由于母体软产道及硬产道的异常而引起的难产。软产道异常中比较常见的有子宫捻转、子宫颈开张不全等。另外，阴道及阴门狭窄、双子宫颈等也可造成难产。硬产道异常主要是骨盆狭窄，其中包括幼稚骨盆、骨盆变形等。子宫捻转是指子宫、一侧子宫角或子宫角的一部分围绕各自的纵轴发生扭转。此病在各种动物均有发生，是产道性难产的常见病因之一。最常见于奶牛、羊，马和驴时有发生，猪则少见。子宫颈开张不全是牛、羊常见的难产原因之一，其他动物则少见。

③胎儿性难产。主要指由胎势、胎位和胎向异常或胎儿过大等引起。此外，胎儿畸形或2个胎儿同时楔入产道等，也能引起难产。难产的发生率与家畜的种类、品种、年龄、内分泌、饲养管理水平等因素有关，家畜中以牛最常发生，发生率为3.25%，山羊为3%～5%，而马和猪的发生率相对较低，为1%～2%。一般以胎儿性难产发生率较高，约占难产总数的80%；因母体原因引起的难产较少，约占20%。体格较大的品种，难产的发生率高。此外，初产母羊的难产率高于经产母羊。

2. 难产的助产　难产种类繁多、复杂，在实施助产前，通过对胎儿及产道的临床检查，必须判明难产情况，这是原则，在此基础上，才能确定助产方案。

（1）子宫弛缓。对于猪可用产科套、产科钩钳等助产器械将胎儿拉出。当手或器械触及不到胎儿时，可待胎儿移至子宫颈时再拉。有时只要取出阻碍生产的胎儿后，其余胎儿便会自行产出。大家畜一般都不用药物进行催产，而行牵引术。在羊，如果手和器械触及不到胎儿，可使用OXT，促使子宫收缩，但使用前，必须确认子宫颈已经充分开张，胎势、胎位和胎向正常，且骨盆无狭窄或其他异常；否则，可能加剧难产，增加助产的难度。肌内注射和皮下注射OXT的剂量：羊为10～20IU。为了提高子宫对OXT的敏感性，必要时可先注射苯甲酸雌二醇4～8mg，1～2h后再使用OXT。

（2）努责过强及破水过早。用指尖掐压母羊背部皮肤，使之减缓努责。如已破水，可以根据胎儿姿势、位置等异常情况，进行矫正后牵引；如果子宫颈未完全松软开张，胎囊尚未破裂，为缓解子宫的收缩和努责，可注射镇静麻醉药物；如果胎儿已经死亡，矫正、牵引均无效，可施行截胎术或剖宫产术。

（3）子宫捻转。若临产时发生子宫捻转，应首先把子宫转正，然后拉出胎儿；若产前发生子宫捻转，应对子宫进行矫正。矫正子宫的方法通常有4种：通过产道或直肠矫正胎儿及子宫，翻转母体、剖腹矫正或剖宫产。后3种方法主要用于捻转程度较大而产道极度狭窄，手难以进入产道或用于子宫颈尚未开放的产前捻转。

（4）子宫颈开张不全。助产取决于病因、胎儿及子宫的状况。如果阵缩努责不强、胎囊未破且胎儿还活着，须稍等候，使子宫颈尽可能开张，过早拉出易造成胎儿或子宫颈损伤。在此期间可注射OXT和葡萄糖酸钙等进行辅助干预。根据子宫颈开张的程度、胎囊破裂与否及胎儿的死活等，选用牵引术、剖宫产或截胎术。

（5）胎儿过大。胎儿过大引起的难产，可以选用的助产方法有：一是用牵引术协助胎儿产出（产道灌注润滑剂，缓慢牵拉）；二是用外阴切开术扩大产道出口；三是用剖宫产术取出胎儿；四是用截胎术取出胎儿；五是母羊超出预产期且怀疑为巨型胎儿时，可用人工诱导分娩。

（6）双胎难产。助产原则是先推回一个胎儿，再拉出另一个胎儿，然后再将推回的胎儿拉出。在推回胎儿时一定要注意：怀双胎时，子宫容易破裂，因此推的时候应谨慎小心。双胎胎儿一般都比较小，拉出并无多大困难，但在推之前，须把 2 个胎儿的肢体分辨清楚，不要错把 2 个胎儿的腿拴在一起外拉。如果产程已很长，矫正及牵引均困难很大时，可用剖宫产术或截胎术。双胎难产救治后多发生胎衣不下，因此应尽早用手术法剥离胎盘，并及时注射 OXT。

（7）胎势异常。一般需要将胎儿推回腹腔，因此大多需要施行硬膜外麻醉，将胎儿矫正后再用牵引术拉出。胎势异常可能单独发生，也可能与胎位异常、胎向异常同时发生。

（8）胎位异常。胎儿只有在正常的上位时才能顺利产出，因此在救治这类难产时，必须将侧位或下位的胎儿矫正成上位。在矫正时，必须先将胎儿推回，然后在前肢的适当部位上用力转动胎儿。如果能使母羊站立，则矫正较容易。

（9）胎向异常。这类难产极难救治。救治的主要方法是转动胎儿，将竖向或横向矫正成纵向。一般是先将最近的肢体向骨盆入口处拉，如果四肢都差不多时，最好将其矫正为倒生，并灌入大剂量润滑剂，防止子宫发生损伤或破裂。如果胎儿死亡，则宜施行截胎术，当胎儿活着时，宜尽早施行剖宫产术。

六、产后羔羊和母羊的护理

分娩后母羊的生殖器官发生了很大变化，机体的抵抗力减弱，为病原微生物的入侵和繁殖创造了条件，因此必须加强对母羊的护理；新生羔羊产出后，周围环境和生活条件发生了根本性变化，为了使羔羊适应外界环境，很好地生长发育，必须加强护理。

1. 新生羔羊的护理 新生羔羊是指从断脐到脐带干缩脱落这个阶段的羔羊。由于羔羊出生后，由原来的母体环境进入外界环境，生活条件和生活方式发生了巨大变化，羔羊的各个器官开始独立活动，但是其生理机能还不很完善，抗病力和适应能力都很差。因此，这一阶段的主要任务是促使羔羊尽快适应新环境，减少新生羔羊患病和死亡。

（1）防止窒息。羔羊出生后应立即清除其口腔和鼻腔的黏液，以防窒息。一旦出现窒息，应立即查找原因并进行人工呼吸。

（2）注意保温。由于新生羔羊的体温调节中枢尚未发育完全，皮肤调节体温的能力也比较差，在外界环境温度较低，特别是冬、春季要注意羔羊的防寒、保温。分娩后应立即擦干羔羊身上的羊水或让母羊舔干羔羊身上的黏液，可减少羔羊热量的散失，有利于母仔感情的建立。新生羔羊不仅对低温很敏感，而且对高温也敏感，出生后 2～3d 的羔羊在 38℃只能存活 2h 左右，因此在高热季节要注意羔羊防暑。

（3）帮助哺乳。母羊产后最初几天分泌的乳汁为初乳。一般产后 4～7d 即变为常乳。

初乳的营养丰富，蛋白质、矿物质和维生素 A 等脂溶性维生素的含量较高，且容易消化，甚至有些小分子物质不经肠道消化便可直接吸收。特别是初乳内还含有大量免疫抗体，这对新生羔羊获得免疫抗体、提高抗病力十分必要。因此，必须使新生羔羊尽早吃到初乳。

（4）开展人工哺乳或寄养。对于因产羔过多、母羊乳头不够或母羊产后死亡等而失乳的羔羊应进行人工哺乳或寄养，要做到定时、定量、定温。用牛奶或奶粉给羔羊人工哺乳时，最好除去脂肪并加入适量的糖、鱼肝油、食盐等添加剂，并进行适当稀释。

（5）防止脐带炎。一般羔羊断脐后经 2～6d，脐带即可干缩脱落。但断脐后若消毒不严，脐带受到感染或被尿液浸润，或羔羊相互吮吸脐带均易引起感染，进而脐血管及其周围组织发生炎症。发生初期，可在脐孔周围皮下分点注射普鲁卡因青霉素溶液，并局部涂以 5％碘酊；若发生脓肿则应切开脓肿部，撒磺胺类药物（粉末），并用绷带保护。对脐带坏疽性脐炎，要切除坏死组织，用消毒液清洗后，再用碘溶液、石炭酸或硝酸银等涂抹。

2. 产后母羊的护理 母羊分娩和产后期，生殖器官发生很大变化，产道的开张以及产道和黏膜的某些损伤，分娩后子宫内沉积的大量恶露，使母羊在这段时间抵抗力降低，并易于被病原微生物侵入和感染。因此，为促使产后母羊尽快恢复正常，应加强对产后母羊的护理。

母羊产后要供给质量好、营养丰富和容易消化的饲料，一般在 1～2 周即可转为常规饲料。由于恶露排出，母羊的外阴部和臀部要经常清洗和消毒，勤换干净的垫草；注意观察产后母羊的行为和状态，是否有胎衣不下、阴道或子宫脱出等疾病发生，一旦发现异常情况应立即采取措施。

母羊分娩时由于脱水严重，一般都口渴。因此，在产后应及时供给新鲜清洁的温水，饮水中最好加入少量食盐和麸皮，以增强母羊体质，有助于恢复健康。

3. 产后母羊子宫的恢复 分娩后，子宫黏膜表层发生变性、脱落，原属母体胎盘部分的子宫黏膜被再生黏膜代替，子宫恢复到正常的体积和功能的过程称为子宫复旧。对羊来说，子宫阜的体积缩小，并逐渐恢复到妊娠前的大小。在黏膜再生过程中，变性脱落的子宫黏膜、白细胞、部分血液、残留在子宫内的胎水以及子宫腺分泌物等被排出，这种混合液体称为恶露。最初为红褐色，继而变成黄褐色，最后变为无色透明。恶露排尽的时间：绵羊 5～6d，山羊 12～14d。恶露持续的时间过长或者颜色异常，有可能是子宫某些病理性变化引起的。

随着子宫黏膜的恢复和更新，子宫肌纤维也发生相应变化。开始阶段子宫壁变厚，体积缩小，随后子宫肌纤维变性，部分被吸收，使子宫壁变薄并逐渐恢复到原来的状态。羊子宫复旧的时间为 17～20d。但是，健康状况差、年龄大、胎次多、难产及双胎妊娠、产后发生感染或胎衣不下的母羊，复旧较慢。

七、诱导分娩

诱导分娩也称引产，是指母畜妊娠末期的一定时间里，采用外源激素制剂处理，控制母畜在人为确定的时间内完成分娩。它是控制分娩时间和过程的一项繁殖管理措施。如果将诱导分娩的适用时间加以扩大，不再考虑胎儿产出时的死活以及胎儿产出后是否具有独立生活能力，就是人工流产。人工流产的概念也包括在胚胎分化完成之前人为地中断妊娠。因此，诱导分娩和人工流产都是人为中断妊娠，使孕畜将胎儿排出体外。

1. 诱导分娩的意义

（1）在一定程度上可使母畜的分娩分批进行，对母畜和仔畜的护理集中进行，从而节省人力和时间，充分而有计划地使用产房及其他设施。

（2）采用分娩控制，可在预知分娩时间的前提下进行有准备的护理工作，防止母畜仔畜可能发生的伤亡事故。

（3）与同期发情技术相配合，有利于建立畜牧业工厂化生产模式；同时，也有利于母畜之间新生仔畜的调换、并窝和寄养。

（4）可将绝大多数母畜的分娩控制在工作日上班时间内。

（5）胎儿在妊娠末期生长发育速度很快，诱导分娩可以减轻新生仔畜的初生重，降低因胎儿过大发生难产的可能性。这适用于母畜骨盆发育不充分、妊娠延期以及本地体格小的母畜怀外来大型品种的杂种胎儿等情况。

分娩控制可用于各种家畜，使用的激素主要有 $PGF_{2\alpha}$ 及其类似物、皮质激素及其类似物，此外还有雌激素、OXT 等。通过分娩控制有效地改变母畜天然自发分娩的程度是有限的。根据不同家畜的妊娠期，诱导分娩的时间要适宜。可靠而安全的分娩控制，其处理时间一般安排在正常预产期结束之前数日内。过早诱导分娩，会造成泌乳量减少等不良影响，时间提早越多，影响越大。由于不同品种和个体之间对激素的反应存在差异，因此诱导分娩的时间很难控制在一个狭小的时间范围内，往往能使多数母畜在投药处理后 20～50h 分娩。

2. 羊的诱导分娩　绵羊在妊娠 144d 时，每只注射地塞米松（或倍他米松）10～20mg，或地塞米松 2mg，多数母羊可在注射后的 40～60h 内产羔。在妊娠 141～144d 注射 15mg $PGF_{2\alpha}$ 也能使母羊在 72h 内产羔。虽然难产和胎衣不下的比例不高，但会出现新生羔羊生活力差、死亡率高和多羔羔羊体重偏小等问题。

山羊在整个妊娠期都依赖黄体产生孕酮，因此使用 $PGF_{2\alpha}$ 可以成功诱导山羊分娩。一次肌内注射 5～20mg $PGF_{2\alpha}$ 或 62.5～125μg 氯前列烯醇，母羊在处理后 27～55h 分娩，平均为 33～35h，但是必须在妊娠 140d 以后进行诱导分娩。

第三章
绵羊繁殖新技术 ▶▶▶

20世纪40年代以来，随着我国绵羊繁殖技术不断发展，人工授精和冷冻精液保存技术逐步完善，已成为家畜品种改良的重要手段。人工授精技术对提高优良畜种的配种效率、加快改良进程、促进良种覆盖率、保护品种资源、降低生产成本、克服种畜个体差异、防止疾病传播和提高母畜的受胎率等方面具有重要意义。从人工授精到胚胎移植、从性别控制到核移植、从克隆到胚胎编辑等一系列高新技术的应用使家畜繁殖的速度更快、生产性能更高、繁殖准确性更好，为畜牧业发展提供了强劲动力和市场竞争力。

第一节 种公羊选择

一、种公羊要求

种公羊应体质健壮，精力充沛，敏捷活泼，食欲旺盛，头略粗重，颈部肌肉发达，睾丸大小适中，包皮开口处距阴囊基部较远。具有良好经济价值，性成熟早，生长速度快，肉用性能好，饲料转化率高，产毛和产肉有机结合，无布鲁菌病和结核病，体况好。

二、种公羊选择标准

（1）骨骼细，皮薄，背毛有光泽，附着生长良好。
（2）额宽，丰满，耳纤细，颈长度适中，颈肩结合良好。
（3）胸深、宽，胸围大，腰背平、宽、长，肌肉丰满，肋宽拱张好。
（4）腰结合良好而展开，臀部长、平、宽、直，后肢短直、强健，胫骨细，大腿肌肉丰满，后裆开阔，小腿肥厚呈大弧形。

三、种公羊选择方法

主要根据个体表型、系谱、后裔测定结合系谱考察等方面来进行选择。

1. 个体表型 依据肉用种公羊的外形表现和生产性能，通过鉴定选出体型外貌符合品种标准的优秀个体。

2. 系谱选择 根据肉用种公羊父母代或同胞、半同胞的生产性能，选留优秀的公羊作为种用。

3. 后裔测定结合系谱考查选留种公羊　要选择那些外貌符合品种特征，精力旺盛、活泼，体质健壮的公羊作为种用。应特别注意观察其外生殖器官，淘汰单睾、隐睾、同龄羊中生长速度慢、抓膘慢和四肢欠佳的公羊。还要对被选择的公羊进行系谱鉴定，祖先有遗传性疾病和近交个体不能留作种用，注意从双羔、多羔羊中挑选留种公羊。采取多留精选的原则，一般要进行3次筛选。2月龄断奶时第1次筛选，选择那些个体发育良好、生长速度快、适应性强、开食早的羔羊；6月龄时第2次筛选，选择平均日增重快、第二性征明显的个体；12月龄（周岁）时第3次筛选，选择日增重快、精神饱满、性欲旺盛、公羊性征明显、符合品种外貌标准的公羊。

第二节　种母羊选择

一、种母羊要求

种母羊应灵敏，神态活泼，行走轻快，头高昂，食欲旺盛，生长发育正常，皮肤柔软富有弹性。作为乳用的种母羊应外貌清秀，骨细、皮薄，鼻直、嘴大，体躯高大，胸深而宽、肋骨拱张，背腰宽长，腹大而不下垂，后躯宽深，不肥胖，乳头和乳房发育良好，青年羊的乳房圆润紧凑，紧紧地附着于腹部。

二、种母羊繁殖性能选择

选育高产母羊是提高繁殖力的有效措施，坚持长期选育可以提高整个羊群的繁殖性能。发情症状要明显，产羔间距稳定，繁殖力高，外貌特征符合本品种要求，没有疾病和其他传染病。母羔要体况结实，其母亲无繁殖障碍，母性好。母羊最适繁殖年龄为3～5岁，6岁以后繁殖力开始下降，7～8岁逐渐衰退。

三、种母羊生产性能选择

在选留母羊时，应选留产羔多、羔羊初生重大、羔羊生长速度快、泌乳性能好的个体。育成母羊应选自多胎的羔羊。第1胎生产多羔的母羊在以后的胎次中有较大的生产多羔的潜力。一般初产母羊能产双羔的，除了其本身繁殖力较高外，其后代也具有繁殖力高的遗传基础，这些羊可以选留作种用。

第三节　人工授精技术

一、人工授精概念

人工授精（artificial insemination，AI）是指人工采集种公羊精液，将精液经过品质鉴定和稀释处理等，再通过输精枪将处理检测后的精液输入发情母羊的生殖道内，以达到让母羊受胎的配种方式。

二、人工授精技术的意义

人工授精可以提高种公羊的利用率，既能加速羊群的改良进程，防止疾病传播，又能节约饲养大量种公羊的费用。该技术包括器械的消毒，采精，精液品质检测，精液的稀释、保存和运输，母羊的发情鉴定和输精等主要技术环节。

三、消毒技术

1. 器械消毒　采精、输精及与精液接触的所有器械都要消毒，并保持清洁、干燥，存放在清洁的柜内或烘干箱内备用。假阴道要用2％的碳酸氢钠溶液清洗，再用清水清洗数次，然后用75％的乙醇消毒，使用前用生理盐水清洗。集精瓶、输精器、玻璃棒和存放稀释液及生理盐水的玻璃器皿洗净后要经过30min蒸汽消毒，使用前用生理盐水冲洗数次。金属制品，如开膣器、镊子、盘子等，用2％的碳酸氢钠溶液清洗，再用清水冲洗数次，擦干后用75％的乙醇或用酒精灯进行火焰消毒。

2. 场地消毒　准备一间向阳、干净的配种无菌室，要求水泥或瓷砖地面，光线充足，面积为20㎡，室温20～25℃。日常用1％的新洁尔灭或1％的高锰酸钾溶液进行喷洒消毒，每天采精前和采精后各进行1次。每周对采精室进行1次熏蒸消毒，所用药品为福尔马林溶液500mL，高锰酸钾250g。

3. 羊体消毒　公羊采精前，先清除其身上的杂草和污垢，再用1％高锰酸钾溶液清洗包皮，直至无眼观异物。母羊配种前使用1％高锰酸钾溶液清洗外阴，直至无眼观异物。

4. 消毒注意事项　严格遵守消毒时间和消毒药品的配量要求；熏蒸消毒时，应关闭门窗，24h后敞开门窗通风；注意安全，防止物品损坏，每次消毒完毕，应及时关掉电源。

四、采精前的准备

1. 器械的准备　所有器械都要提前清洗、干燥、消毒，存放于消毒柜内备用。

2. 公羊的准备　种公羊第1次采精时的年龄应在1.5岁左右，不宜过肥，也不宜过瘦，初次参加采精的公羊，应进行采精训练，方法是让其"观摩"其他公羊配种，或将发情母羊的尿液或分泌物涂抹在公羊的鼻尖上，刺激性欲。采精调教训练成功后，才能进行正式操作。

3. 假阴道安装　安装假阴道时，先将假阴道装入假阴道外壳，再装上集精杯，注意内胎平整，不要出现皱褶。为保障假阴道有一定的润滑度，应用洁净玻璃棒蘸取少许灭菌凡士林，均匀地涂抹在假阴道内胎的前1/3处。为使假阴道温度接近母羊体温，从假阴道注水孔注入少量温水，水约占内外胎空间的70％，假阴道温度在采精时应保持在40～

42℃。注水后，再通过气体活塞吹入空气，使假阴道保持一定弹性，吹入气体的量一般以内胎呈三角形合拢而不向外鼓出为宜（图3-1）。

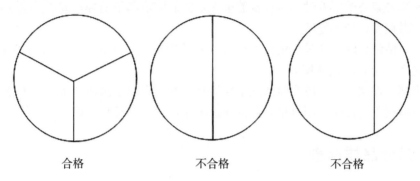

合格　　　　　　不合格　　　　　　不合格

图3-1　假阴道安装完毕充气后的形状

五、采精

采精前用温水清洗种公羊的包皮，并擦拭干净。将台羊保定后，引公羊到台羊处，采精时采精员戴上乳胶手套，蹲或半蹲在公羊的右侧，当种公羊爬跨时，迅速伸出握有假阴道的右手，左手四指微弯曲引导公羊阴茎插入假阴道中，羊的射精速度很快，当观察到公羊有向前猛冲的动作时即已射精，这时不要立即撤离假阴道，保持假阴道前高后低，将滞留在假阴道内的精液收集至集精杯。要迅速把假阴道装有集精杯的一端向下倾斜，并竖起假阴道，摘下集精杯，将精液送到处理室，盖好盖，记录公羊号，放于操作台上进行精液品质检查。

六、采精频率

成年种公羊每天采精1～2次，连采3d休息1d；初采羊可酌情减少采精次数。

七、采精注意事项

（1）严格遵守消毒技术要求，所有采精物品未经消毒不得应用。采精是一项细致工作，必须由采精熟练人员负责进行。

（2）应对种公羊进行编号，按顺序采精。

（3）采精时假阴道的温度不得低于38℃，假阴道的温度低于38℃会引起阻抑反射，使公羊不射精；更不能高于42℃，温度高于42℃会对公羊阴茎造成过度刺激，破坏兴奋性，并对精子活力产生一定影响。

（4）采精时假阴道压力应适当。压力过大，公羊阴茎不宜插入；压力过小，没有充分刺激公羊不射精，或射精不完全。

（5）采精时假阴道应充分润滑，一般用温热生理盐水喷洒在假阴道内壁，或涂抹适量的水性润滑剂，但不宜过多，若水性润滑剂流入精液内，会造成精子死亡，影响精液品质。

（6）连续采集公羊精液时，应准备数量充足的假阴道和集精杯。如需重复使用时，应按洗涤、消毒顺序，依次处理。

（7）公羊精液要随用随采，精液采出后及时处理精液，并在最短的时间内使用完毕。一般控制在20～40min内使用完。

（8）采精工作结束后，应及时清洗采精器具，并用去离子水或清水冲洗干净，烘干或用干净毛巾擦拭干，放于专用盘里，盖洁净遮蔽布或放入消毒柜，以备下次使用。

八、精液品质检查

检查的目的是评定精液品质的优劣，以便决定它能不能用于输精配种。同时，也为确定精液的稀释倍数提供科学依据。

1. 外观检测

（1）颜色。正常精液为浓厚的乳白色，肉眼可见乳白色云雾状。

（2）气味。正常精液无味或略带腥味。

（3）精液量。公羊1次的射精量一般为0.5～2.0mL，山羊平均为0.8～1.0mL，绵羊平均为1.0～1.2mL。

2. 显微镜检查

（1）精子活力。精子活力是指在38℃的室温下直线前进的精子占总精子数的百分比。检查时以消毒好的玻璃棒蘸取1滴精液，放在载玻片上加盖盖玻片，在400～600倍显微镜下观察，全部精子都做直线前进运动评为1级，90%的精子做直线前进运动为0.9级，以此类推。

（2）精子密度。是指每毫升精液中所含的精子数。取1滴新鲜精液在显微镜下观察，根据视野内精子多少分为密、中、稀和无四级。"密"是指在视野中精子的数量多，精子之间的距离小于1个精子的长度。"中"是指精子之间的距离约等于1个精子的长度。"稀"是指精子之间的距离大于1个精子的长度。"无"是指采到的精液中，镜检无精子。为了精确计算精子的密度，可用血细胞计数器在显微镜下进行测定和计算，每毫升精液中含精子25亿个以上者为密，20亿～25亿个者为中，20亿个以下者为稀。

（3）精子质量的评定标准。精液乳白色，无味或略带腥味，精子活力在0.6以上，密度中等以上，畸形精子率不超过20%，该羊精液判定为优质精液。以上几项质量标准任何一项达不到要求，均被定为劣质精液。

（4）精液检测时的注意事项。做显微镜检查时，载物台温度控制在38℃。精液品质检查要求迅速准确，室内要清洁，室温保持在25℃左右。精子形态检查时，一般1周内对同一只公羊精液做1次染色检查，其他时间段内采集的精液根据经验做直观估测即可。

九、精液稀释、分装、运输和保存

1. 精液的稀释　精液稀释的目的是扩大精液量，增加每次采精的可配母羊数，提高种公羊利用率，还可供给精子营养，增强精子活力，有利于精液的保存、运输和输精。

（1）稀释液配制。稀释液配方选择易于抑制精子活动、减少能量消耗、延长精子寿命的弱酸性稀释液。

配方一：生理盐水稀释液，稀释至2倍于原精体积。稀释前需将生理盐水溶液的温度调至与精液同温或35℃为宜。稀释时用注射器或移液枪沿集精杯侧壁缓慢加入，将盛放稀释好精液的容器呈同心圆方式转动，混匀，检测精子活力和密度即可。

配方二：葡萄糖卵黄稀释液，在100mL蒸馏水中加葡萄糖3g，柠檬酸钠1.4g，溶解后用滤器过滤，蒸煮30min灭菌，降至室温，再加新鲜卵黄或卵黄粉20mL，再加青霉素10万IU，振荡溶解。可做7倍以下稀释。

（2）精液的稀释倍数。根据精子密度、活力确定稀释比例，稀释后的精液，每毫升有效精子数不少于7 500万个。

（3）精液稀释的操作步骤。根据镜检得出精子密度确定稀释倍数，依据稀释倍数计算应加入的稀释液的量。稀释前将精液和稀释液孵育同温，然后将稀释液沿集精杯的侧壁缓慢加入。稀释完毕后，将盛放稀释好精液的容器呈同心圆方式转动，混匀，立即进行精子活力检查，并严格记录。

（4）精液稀释注意事项。精液与稀释液温度保持一致，在25℃室温和无菌条件下进行操作，精液稀释的倍数应根据精子密度而定，一般为2~3倍，稀释后的精液每毫升有效精子数不得低于7 500万个。

2. 精液的分装　将稀释好的精液根据各输精站的需要量分别装于1mL或10mL离心管，切记不要分装过满。然后用封口膜将离心管封好，在室温下自然降温。贴上标签，注明精液采集的日期、时间、精子活力、精子密度、公羊品种。

3. 精液的运输　近距离运输精液时，不必降温，将装有精液的离心管用纱布或棉花包好放入广口保温瓶中即可。远距离运输时，可用直接降温法降温，降温要缓慢进行。运输精液时要防止剧烈颠簸，每次输送的精液都要注明公羊号、采精时间、精液量和精液品质等。

4. 精液保存

（1）常温保存。精液稀释后，保存在20℃以下室温环境中，精子运动减弱，在一定程度上延长了精子存活时间。该方法一般只能保存精液1d。

（2）低温保存。在常温保存的基础上，将温度进一步缓慢降至4℃左右，并保持恒温。可采用直接降温法，将精液装入离心管中，外包棉花或纱布，直接放入装有冰块的广口保温瓶中，使温度逐渐降至4℃左右。该方法一般只能保存精液2~3d。

（3）冷冻保存。一般生产中采用液氮面熏蒸颗粒法制作颗粒冻精。方法是将稀释好的精液，放入4℃冰箱中平衡30min，在平衡期间准备一个大的泡沫盒、纱布、铜网、低温温度计和胶头滴管。将纱布折叠4~6层垫于铜网下，放于液氮液面上方3~5cm处，使用低温温度计测量铜网温度，控制在 $-100\sim-70℃$，高于或低于这个温度都将影响精子活力。在制作颗粒冻精过程中，必须保证 1 位工作人员时刻调整铜网的温度，温度控制在 $-80℃$ 为最好。使用胶头滴管吸取稀释好的精液，在距离铜网 3cm 处均匀滴于铜网上，待滴满铜网后，待 10min，刮掉冻精颗粒。然后准备解冻温水，水温 35℃，将 2 个颗粒放入拇指管，将拇指管插入温水中，停留 5s，立刻放于手掌心，并做圆形旋转滑动摩擦手掌，待冻精颗粒解冻完毕后，蘸取精液检查精子活力，精子活力达到 0.5 级以上，装布袋放入液氮罐备用；否则，弃之。

十、发情鉴定

适时配种是提高羊人工授精受胎率的关键措施之一。母羊发情的主要表现为，食欲减退，兴奋不安，爬跨其他羊，或接受其他羊爬跨而静立不动；阴门红肿，频频排尿，流出透明的黏液；将后躯转向公羊；将开膣器插入母羊阴道，使之张开，发情盛期的母羊可见子宫颈口潮红、湿润、略开张，分泌的黏液呈豆花样。

十一、输精

1. 输精前的准备　①人员准备。输精人员应穿工作服，将手洗净擦干，用 75% 乙醇消毒。②输精器械准备。把洗涤好的开膣器、输精枪、镊子、纱布等进行蒸汽消毒。③母羊准备。对母羊进行发情鉴定（公羊试情），健康检查，输精前应清洗母羊外阴，以 1% 高锰酸钾溶液清洗擦拭。④精液准备。将精液放于 35℃ 温水中，孵育 5min，轻轻摇匀，做活力鉴定，应符合精子活力要求。

2. 输精操作　将开膣器放入盛有生理盐水的小塑料桶，拿出开膣器对准阴道外口轻轻插入阴道深部，然后旋转 90°，轻轻张开开膣器，张开后上下左右调整开膣器方向和角度，找到最大观察角度，能够清楚地看到子宫颈口即可。将装好精液的输精枪对准子宫颈口缓慢插入 $1\sim2cm$ 或更深入，然后退回一些，以缓解输精枪枪头的压力，匀速将精液推出，输精结束后将输精枪连同开膣器一起拔出，切记在拔出过程中不要关闭开膣器，以免夹伤阴道。

3. 输精次数和输精量　母羊 1 个情期应输精 2 次，两次间隔 8h 左右。每只发情母羊每次输精量为 $0.1\sim0.2mL$（以稀释好的精液为准）。

4. 输精时的注意事项　严格遵守人工授精操作规程，输精员要做到深部、慢插、缓注。输精后做好母羊配种记录。每输完 1 只羊要对输精枪、开膣器进行及时清洗后才能重新使用。输精枪用生理盐水擦拭即可。开膣器先使用毛刷在碳酸氢钠水溶液中刷拭干净，然后放入生理盐水中浸泡后才可重新使用。

十二、药品及实验设备

人工授精技术常用的药品及实验设备包括颈夹保定架（专利号：ZL 2018 2

0890148.0)、采精器、玻璃拇指管（解冻颗粒冻精用）、显微镜、载玻片、盖玻片、输精枪、1mL 注射器、精液稀释液（成品）、去离子水（配制稀释液）、20mL 离心管、1 000μL 移液枪、1 000μL 枪头、0.9％生理盐水、喷壶、75％乙醇、5％碘酊、碳酸氢钠、乳胶手套、开膣器、头灯、毛巾、温水、纱布、毛刷、中性笔、记录本、记号笔、羊用号牌、打号钳等。

自然发情母羊的人工授精技术程序见图 3-2。

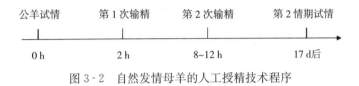

图 3-2 自然发情母羊的人工授精技术程序

第四节 两年三产技术

两年三产技术可以缩短成年母羊的产羔间隔，提高成年母羊的生产效率，实现成年母羊全年均衡产羔。

一、采取的方法

1. 加强母羊的饲养管理 能繁母羊从羔羊断奶后圈养补饲，每只母羊补饲苜蓿草粉450g，全价饲料 200g，补饲期为 30d。

2. 集中发情处理 经过补饲后的母羊，阴道埋置阴道（CIDR）或海绵栓，埋置时间为 13d，在撤栓的同时颈部肌内注射 PMSG 330IU，撤栓后 36～48h 为发情高峰期。

3. 人工授精 人工授精前需要将 0.9％的温生理盐水装入喷壶冲洗阴道，直至冲洗液变清亮为止。在发情期的初期、中期进行 2 次人工授精，2 次输精间隔为 8～12h。

二、两年三产技术介绍

两年共 24 个月，除以 3 胎，即 8 个月 1 胎，8 个月包括 5 个月的妊娠期（产前 1 个月需要注射三联四防疫苗），1.5～2 个月的哺乳期，1～1.5 个月的休整期和配种期，需要在羔羊 1.5～2 月龄时进行早期断奶。想要于 1.5～2 月龄早期断奶，需要在母羊妊娠后期严格按照饲养标准进行饲养，保障母羊产后能够分泌足够的乳汁，保障羔羊在泌乳期快速生长。在羔羊 30d 时要及时注射三联四防疫苗。在 1.5～2 个月的泌乳期间，羔羊在 15～30日龄时，逐渐添加羔羊开食料（颗粒饲料或苜蓿粉或苜蓿叶子），以促进羔羊瘤胃及时发育，培养羔羊瘤胃微生物健康生长。1～1.5 个月的休整期需要开展 1 次同期发情，以及第 2 次自然发情，需要配种 2 次，理论上可以达到 90％以上的妊娠率。但在生产上要想达到两年三产，首先要保障饲草料营养均衡全面；其次要管理到位，及时分群整群。由于母羊在泌乳期间分泌促乳素，会影响同期发情处理效果，同期发情效率比母羊其他阶段的同期发情效率要低。

两年三产技术路线见图 3-3。

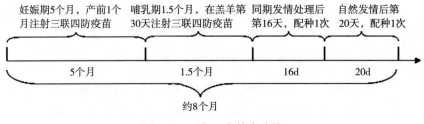

图 3-3 两年三产技术路线

三、耗材及圈舍设备

两年三产技术所需耗材及圈舍设备：三联四防疫苗（产前 1 个月和羔羊 30 日龄注射）、开食颗粒饲料、优质苜蓿粉、玉米糁、移动式料槽、移动式保温水箱、母仔栏等。

第五节　同期发情技术

同期发情是近几十年发展起来的动物繁殖控制新技术，是提高母畜繁殖率和养殖生产管理水平的一项有效技术措施。随着我国养羊业快速发展，集约化、规模化和工厂化是养羊业发展的必然趋势。因绵羊属于短日照季节性发情动物，繁殖率偏低，所以必须对提高绵羊的繁殖率给予足够重视，在生产中羊的同期发情可促成集中配种、集中产羔、集中管理、集中出栏。该技术现已广泛应用于养羊业生产，大大提高了羊的生产力。

一、同期发情概念

同期发情是动物繁殖控制新技术，是利用激素制剂人为地控制并调整母畜发情周期的进程，使一定数量的母畜在预定时间内集中发情的方法。

二、同期发情原理

母羊发情周期的人为调控，首先要解决的问题是使母羊在繁殖季节或非繁殖季节正常发情与排卵，确定配种时间。经证实，采用孕激素与促性腺激素结合处理是行之有效并且可以在生产中推广的技术。理论上对处于发情周期任一阶段的母羊，采用外源激素溶解黄体或用孕激素形成"人工黄体期"，再使用促性腺激素结束黄体功能，从而促使卵泡发育成优势卵泡而达到发情调控的目的。

卵巢的机能和形态变化可分为卵泡期和黄体期 2 个阶段。卵泡期是在周期性黄体退化继而血液中孕酮水平显著下降后，卵巢中卵泡迅速生长发育，最后成熟并导致排卵的时期，这一时期一般是从发情周期的第 17 天到第 20 天。卵泡期之后，卵泡破裂并发育成黄体，随即进入黄体期，这一时期一般是从发情周期的第 1 天到第 17 天。黄体期内，在黄体分泌的孕激素的作用下，卵泡发育成熟受到抑制，母畜不表现发情。在未受精的情况下，黄体维持 15～17d 即退化，随后进入下一个卵泡期。由此看来，黄体期的结束是卵泡期到来的前提条件，相对高的孕激素水平可以抑制发情，一旦孕激素水平降到低限，卵泡即开始迅速生长发育，母羊表现发情。因此，同期发情的中心问题是控制黄体的寿命，并同时终止黄体期。如能使一群母畜的黄体期同时结束，就能引起它们同期发情。任何一群母畜，每个个体都随机地处于发情周期的不同阶段，如卵泡期或黄体期的早、中、晚各期。同期发情技术就是以卵巢和垂体分泌的某些激素在母畜发情周期中的作用作为理论依据，应用合成的激素制剂和类似物，有计划地干预母畜的发情过程，人为控制自然发情周期的规律，继而将发情周期的进程调整到同一时间，实现发情同期化。

三、同期发情药物组合

1. CIDR 或海绵栓＋PMSG 组合　CIDR 或海绵栓在埋置前必须蘸盐酸土霉素注射液。成年经产母羊繁殖周期的任意一天埋置 CIDR 或海绵栓记为 0d，在埋置 CIDR 或海绵栓后的第 13 天 10：00 撤除 CIDR 或海绵栓，同时颈部肌内注射（注：颈部肌肉发达，毛细血管丰富，皮肤褶皱较多，注射完毕后拔出针头时皮肤移位阻止药液流出）PMSG 400IU（注：1 000IU/支的 PMSG 用 0.9％生理盐水稀释成 5mL，每次注射 2mL）。撤除 CIDR 或海绵栓后立即使用开膣器打开母羊阴道，使用装有 0.9％生理盐水的喷壶，冲洗阴道，直至冲洗液变清亮时止。撤栓后 30～36h 用公羊试情，挑出发情母羊，进行第 1 次输精。撤栓后 45～48h 再次用公羊试情，挑出发情母羊，进行输精，所有发情母羊间隔 8～12h 均需进行第 2 次人工授精。同期发情技术 CIDR 或海绵栓＋PMSG 技术路线见图 3-4。

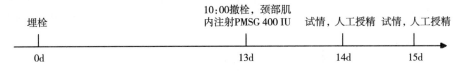

图 3-4　同期发情技术 CIDR 或海绵栓＋PMSG 技术路线

2. CIDR 或海绵栓＋PGF$_{2\alpha}$　埋栓程序见下。埋栓后第 13 天 18：00 撤栓，同时颈部肌内注射 PGF$_{2\alpha}$1mL，间隔 24h，第 15 天 7：00 用公羊试情，对发情母羊进行人工授精，18：00 再次进行试情，并对发情母羊进行人工授精。每只发情母羊要输精 2 次，间隔 8～12h。同期发情技术 CIDR 或海绵栓＋PGF$_{2\alpha}$技术路线见图 3-5。

图 3-5　同期发情技术 CIDR 或海绵栓＋PGF$_{2\alpha}$技术路线

3. 氯前列烯醇　氯前列烯醇是 $PGF_{2\alpha}$ 类似物，对母畜的妊娠黄体、持久黄体、7～17d 黄体有明显的溶解作用，进而调节母畜的发情周期；可特异性兴奋子宫，对子宫平滑肌有明显的舒张作用，可改变子宫及输卵管的张力，有利于精卵结合，并能使子宫颈松弛，有利于母畜子宫的净化。

氯前列烯醇可用于：①母羊产后恶露不尽；②超期母羊催产；③产后母羊少奶；④子宫内膜炎；⑤产后或流产后胎衣不下；⑥生殖系统正常而无正常发情周期；⑦延期发情等。

氯前列烯醇同期发情处理对于绵羊品种来讲，小尾寒羊、湖羊以及小尾寒羊或湖羊杂交后代母羊对氯前列烯醇比较敏感，其余绵羊品种对氯前列烯醇欠敏感，使用氯前列烯醇作为同期发情药品时需要谨慎选择。

技术细节：挑选膘情适中、体况健康、年龄 1.5 岁以上 5 岁以下的母羊进行同期发情处理，并单独组群。任意一天 10：00 作为同期发情处理的第 0 小时，颈部肌内注射氯前列烯醇 1mL，间隔 24h，第 36 小时 18：00 用公羊试情，挑出发情母羊进行输精，第 2 天 10：00 再次进行试情，挑出发情母羊进行输精。每只发情母羊要输精 2 次，间隔 8～12h。待这一情期人工授精结束，再等待 17d 左右开始下一个情期的发情，发情的母羊进行人工授精。$PGF_{2\alpha}$ 同期发情处理技术路线见图 3 - 6。

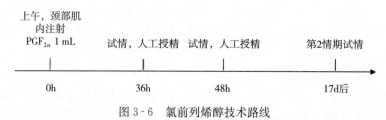

图 3 - 6　氯前列烯醇技术路线

氯前列烯醇使用时的注意事项：①妊娠羊严禁使用氯前列烯醇，否则会引起流产。②母羊卵巢无黄体，或发情后 6～7d 黄体，或因营养、环境等原因导致卵巢静止时，使用氯前列烯醇进行同期发情处理时无效。③同期发情处理过程中严禁从事该项工作的孕妇接触氯前列烯醇，否则易引起流产。

四、耗材及实验设备

耗材及实验设备有氯前列烯醇、PMSG、CIDR、海绵栓、0.9％生理盐水、2L 喷壶、开膣器、洗桶、清水、输精枪、毛巾、纱布等。

第六节　胚胎移植技术

超数排卵和胚胎移植（multiple ovulation and embryo transfer，MOET）技术是将良种雌性动物配种后的早期胚胎，或通过体外受精及其他方式得到的胚胎，移植到同种的、生理状态相同的其他雌性动物体内，使之继续发育，生产出多个优秀个体的一项高新技术。MOET 的研究历史已有 100 多年。最早成功于 1890 年，即英国剑桥大学 Walter Heape 进行的兔胚胎移植。到 20 世纪 30 年代，胚胎移植逐渐受到畜牧兽医工作者的重视，绵羊等多种动物胚胎移植先后获得成功。到 20 世纪 70 年代以后，由于人们认识到超数排卵与胚胎移植技术在提高优良母畜繁殖力、加快优良品种改良和动物育种步伐中的巨大潜力，开始将胚胎移植应用于生产实践。1971 年，首家商业性胚胎移植公司（Alberta 公司）成立，1974 年国际胚胎移植协会（IETS）成立。现在，胚胎移植技术已成为胚胎工程领域的基础技术和手段，而超数排卵和胚胎移植技术已成为快速扩大优秀种公畜和核心群优良母畜的主要手段。一些发达国家胚胎移植的应用研究发展极为迅速，如美国、加拿大、法国、日本、英国、荷兰、澳大利亚、德国等已建立了经营性奶牛胚胎移植公司，并向国外出售胚胎。MOET 育种计划在这些国家得到全面实行，遗传改良进展比预期提高了 10%。

羊的胚胎移植应用起始于澳大利亚。20 世纪 70 年代，澳大利亚每年要进口 300 万美元的马海毛（安哥拉山羊毛），从而使安哥拉山羊处于一种不切实际的高价位，为胚胎移植提供了市场条件，促进了澳大利亚安哥拉山羊胚胎移植的发展和应用。20 世纪 90 年代以后，一些其他良种羊的胚胎也开始国与国之间的交易。

我国家畜胚胎移植技术研究起步较晚，始于 20 世纪 70 年代初，先后取得了多种动物的胚胎移植成功，以牛、羊的生产应用研究发展较为迅速。我国牛、羊胚胎移植的发展过程分为 3 个阶段：即试验研究阶段（20 世纪 70 年代初至 80 年代中）、发展提高阶段（20 世纪 80 年代中至 90 年代中）和推广应用阶段（20 世纪 90 年代中至现在），现已经全面进入产业化阶段。进入 90 年代以后，随着我国畜牧业的发展，牛、羊品种改良需要大批良种，胚胎移植技术的逐步成熟，加之政府的重视和支持，促进了胚胎移植技术在我国的推广应用。安哥拉山羊、波尔山羊和良种绵羊的胚胎移植开始在畜牧生产中应用，并在育种工作中发挥了巨大作用。

在羊的胚胎移植应用上，最早应用胚胎移植进行良种绵羊的扩繁。1992—1995 年国家批复"八五"攻关项目进行安哥拉山羊的规模化快速扩繁研究与应用。1995 年，我国开始从国外引入波尔山羊，因其改良本地山羊效果显著，种羊供不应求，90 年代末期以来，由于波尔山羊的引进热潮而造成国际市场的高价位，引进 1 只需要 2 万～3 万元，刺激了国内波尔山羊胚胎移植的迅速发展，国内大部分省份先后都开展了波尔山羊的胚胎移植。波尔山羊胚胎移植中，超排供体回收胚胎数稳定在 15 枚以上。为满足种羊的需求，国内许多省份纷纷用胚胎移植技术迅速扩繁波尔山羊。据 1999—2001 年召开的 3 次全国养羊生产交流会与学术研讨会不完全统计，波尔山羊超排头均可用胚胎大都在 10 枚以上；新鲜胚胎移植妊娠率在 50%～70%；截至 2001 年，全国波尔山羊存栏量约 6 000 只，除进口约 3 000 只外，其中 2 000 余只是应用胚胎移植技术迅速扩繁增加的。另据不完全统计，2002 年波尔山羊超排 2 000 只左右，头均可用胚胎达十几枚，移植受体 20 000 只左右。2000 年以后，肉用绵羊，如萨福克、无角道赛特、特克赛尔、夏洛来及杜泊等胚胎移植工作也成规模地开展起来。据不完全统计，至 2002 年，累计移植良种肉用绵羊受体超过 10 000 只以上。2003 年，我国共生产波尔山羊、良种肉用绵羊胚胎 40 000 枚左右，移植受体 30 000 只以上，肉用绵羊胚胎移植的比例大幅度提高。胚胎移植技术不仅在提高肉用羊供种能力方面发挥了巨大作用，而且也取得了显著的经济效益。由于受市场价格的影响，山羊数量有所下降，而绵羊数量大幅提高。

超数排卵与胚胎移植技术在畜牧业生产应用中到底有多大意义，简单来说，就是提高优良母畜的繁殖力，加快优良品种改良和动物育种步伐。因为，通过超数排卵与胚胎移植技术，可对母畜进行超数排卵，增加正常排卵数和胚胎数，产生优秀母畜的大量胚胎，再通过胚胎移植把胚胎移植到代孕受体，既解除了优良母畜孕育胚胎的任务，从而省去了其很长的妊娠期，使优良母畜的后代数量迅速增加，又解除了优良母畜妊娠的任务，缩短其繁殖间隔，从而提高优良母畜的繁殖力，充分发挥优良母畜在育种工作中的作用，加速育种进程。另外，在育种工作中采用 MOET 技术，可在较短时间内达到后裔测定所要求的后代个体数量，提早完成后裔测定工作，增加选择强度，加快遗传改良速度，缩短育种进程。通常实施一次 MOET 技术可使优良母畜繁殖力提高 3～6 倍。

胚胎移植技术从移植的胚胎类别上可以分为冷冻胚胎移植和鲜胚胎移植两类。在标准饲养条件下，冷冻胚胎移植受胎率为 45％～50％，最高达 70.22％；鲜胚胎移植受胎率为 45％～55％，最高达 81.81％。超数排卵和胚胎移植技术路线见图 3-7。

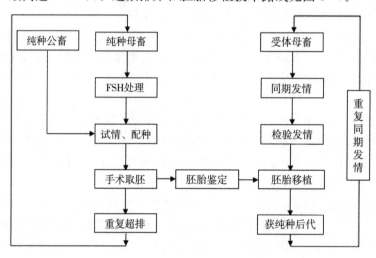

图 3-7　超数排卵和胚胎移植技术路线

一、调整供体营养配方或补饲

供体羊超数排卵处理前 2 个月强化饲养，每天采食 1.24kg 干物质。营养方案如下：全株玉米青贮 30％、苜蓿（干）12％、玉米 26.74％、麸皮 18％、棉粕 8％、磷酸钙 0.14％、石粉 0.12％、预混料 5％。或自行补饲粉碎的鲜胡萝卜 600g，或番茄皮渣 800g，豆制品的下脚料 800g。可在精饲料中添加适量的微量元素和维生素添加剂。

二、供体挑选

选择膘情适中，运动灵活，无弓背弯腰，品种特征明显，经检测无传染性疾病，乳房发育正常，两侧乳区对称，无乳腺炎，肢蹄健康的供体羊。

超排处理前 20～30d 需给供体羊肌内注射维生素 ADE 注射液和亚硒酸钠维生素 E 注射液，或灌服维生素 ADE 注射液，或补饲一定量的苜蓿草粉等。

三、受体挑选

选择膘情和个体大小适中，春、秋两季对布鲁氏菌病和结核病进行检验检疫 2 次或以上，且结果全部为阴性。同期发情处理之前适当补饲优质干草、维生素和微量元素，并保持适当运动。

四、MOET 技术程序优化

1. 供体羊超数排卵处理程序优化　供体羊超数排卵受许多因素的影响和干扰，如供体 MOET 期间所处的季节、突然遇到极端天气和极速驱赶（应激）、卵巢所处的生理状态、营养状况、超排药品品牌、供体膘情、个体、处理方案、超排药剂量、注射梯度等最终都会影响供体超排效果。

供体羊超数排卵处理程序见图 3-8。

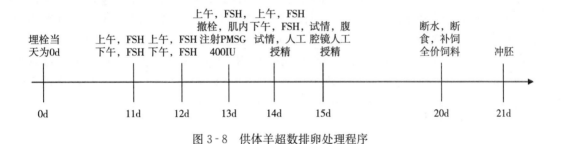

图 3-8　供体羊超数排卵处理程序

2. 受体羊同期化发情处理程序　受体羊同期化发情处理应与供体超数排卵处理相结合，协调好供体、受体之间的发情同一性。为了达到供体、受体子宫所处的生理阶段尽可能处在同一阶段，通常采取的技术方案是：受体羊撤栓时间较供体羊提前 12h，尽可能地达到供体、受体子宫生理状态所处的阶段基本一致。一般供体胚胎取出后在体外的时间为 2～6h，在此时间段内，胚胎受到外界的各种刺激和干扰，导致发育停滞。再次被移植到受体羊子宫内后胚胎还需经过一个复苏过程。因此，受体羊同期化发情处理时，需要提前 12h 撤栓，以给胚胎着床创造环境，得到更好的胚胎移植成功率。

受体羊同期化发情处理程序见图 3-9。

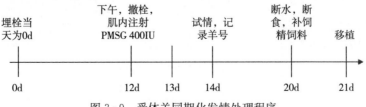

图 3-9　受体羊同期化发情处理程序

五、冲胚

供体羊断食断水 24h，上手术架保定，乳房基部及肷窝向前达腹中线左右 18～20cm 的长度或 20cm×20cm 的部位剪毛、刮毛，用碘酒消毒后，喷洒 75％乙醇脱碘，沿一个中心点向周围逐步擦拭干净，肌内注射盐酸塞拉唑注射液（静松灵）0.3mL，推入手术室，盖上创巾，用创巾钳固定。

术者戴上无菌手套，确定手术位置，在乳房基部向前 4～8cm 与腹中线两侧 3～5cm 结合处，避开血管，切开 7.5～8.0cm 长的口。要逐层切开，先切开表层皮肤，如遇较大血管可采用可吸收线结扎处理，毛细血管可采用止血钳止血，如遇皮下脂肪较厚者，严禁生拉硬扯式的钝性分离，应采取逐层切开的方式，以保障恢复期伤口的愈合。切开腹壁肌肉层时，先用 21 号刀片轻快地切开一个长 1.5～2.0cm 的小切口，术者一根手指探查切口是否穿透腹壁和腹膜，然后再用手术刀片扩大切口至 7.5～8.0cm 长。术者将食指和中指伸入腹腔，向直肠和膀胱方向轻轻触摸，子宫角较小肠有硬度和弹性，即可进行区别，用食指和中指轻轻夹住子宫角小弯，拉出腹腔，暴露子宫角和卵巢，检查并详细记录卵巢排卵、大小、卵泡等情况。记录完毕后，用 0.9％生理盐水冲洗整个子宫和卵巢，使用止血钳在子宫体部位打孔，将准备好的冲胚管从打孔部位插入，先左侧子宫角后右子宫角，将冲胚管插入子宫后，继续向子宫角方向延伸至子宫角大弯和小弯结合处，用 5mL 注射器向冲胚管充气孔内打气，将冲胚管气泡充起，固定在大弯位置。使用肠钳夹住宫管结合部，使用 20mL 注射器通过冲胚管向子宫内推注冲胚液直至子宫充分胀满。使用套管针或头皮针（头皮针将针头剪掉，换成国标 15G 针头），迅速穿透充盈的子宫角，让冲胚液连同胚胎一起，缓慢流进直径为 100mm 的培养皿中，送至检胚间（图 3-10）。

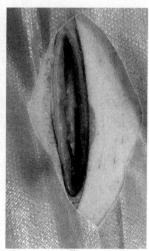

图 3-10　供体手术切口大小、形状

六、检胚和胚胎级别鉴定

将盛有冲胚液和胚胎的培养皿放在体式显微镜热台上，静置5min后用移液枪在液面位置，抽取多余的液体弃掉，用口吸管或检胚针先吸取少量holding胚胎保存液，先将所有胚胎捡出，再进行级别鉴定。发育正常的胚胎透明带完整，形态规则，色调均匀，透明度适中。根据形态学及发育程度划分，胚胎质量分为A、B、C、D4个等级。鉴定标准如下：

A级：胚胎的发育阶段与预期的（或按时间推定的）发育阶段一致。胚胎形态完整，轮廓清晰，呈球形，分裂球大小均匀，结构紧凑，色调和透明度适中，胚胎细胞团呈均匀对称的球形，透明带光滑完整，厚度适中，不规则的细胞相对较少，变性细胞不高于15%。

B级：胚胎的发育阶段与预期的（或按时间推定的）发育阶段基本一致。胚胎形态较完整，轮廓清晰，色调及细胞密度良好，透明带光滑完整，厚度适中，存在一定数量大小和形态不规则的细胞或细胞团，有一定数量的细胞颜色明暗不一，密度不均匀，但变性细胞不高于15%。

C级：胚胎的发育阶段与预期的（或按时间推定的）发育阶段不一致。胚胎形态不完整，轮廓不清晰，色调发暗，结构较松散，游离的细胞较多，至少25%以上的细胞结构是完好的，且具有活性。

D级：胚胎的发育阶段与预期的（或按时间推定的）发育阶段不一致，包括退化的胚胎、未受精卵或1细胞及16细胞以下的受精卵。内细胞团有较多碎片、轮廓不清晰、结构松散，没有活力。以上胚胎级别的鉴定需要2人或2人以上独立评定，得出综合评定结果。如得出的结论结果基本一致，即可确定该胚胎的鉴定级别。如得出的结论不一致或差异较大，应另外安排2人重新进行评定。同时，将鉴定结果做好记录并保存（图3-11、图3-12）。

图3-11　检胚

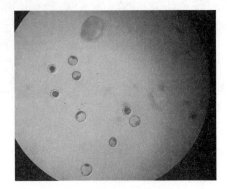

图3-12　胚胎级别鉴定

七、移胚针装入胚胎或装入0.25mL细管

将优良胚胎分级完毕后，放入已预处理好的holding胚胎保存液中，备用。采用三段式将胚胎装入移胚针。先将移胚针吸入一定量的holding胚胎保存液，吸入一段空气。然后再吸入胚胎（混有holding保存液），吸入一段空气，最后再吸入一段holding胚胎保存

液。胚胎装管工作即告结束，等待移植给受体（图3-13）。

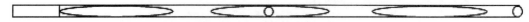

图3-13　细管装管示意

八、胚胎移植

将刮毛、消毒好的受体羊固定在胚胎移植架（专利号：ZL 2017 2 1247593.7）（图3-14）上，并将后躯升高。手术操作人员仔细辨别手术部位血管走向，在左侧腹壁用手术刀片点开一个长3～4mm的创口，方便穿刺鞘通过腹壁进入腹腔。穿刺鞘进入腹腔后，先进行腹腔充气，稍鼓起的腹腔更容易观察子宫和卵巢情况，之后使腹腔镜镜头通过穿刺鞘进入腹腔，通过腹腔镜镜头从腹腔内贴近腹壁内膜再次确认血管分布情况，避开血管，在右侧手术部位用手术刀片切开一个长1.5～1.7cm的切口，从切口处将子宫钳伸入腹腔，手术操作人员通过肉眼观察卵巢上是否有黄体发育，如有黄体发育即可进行胚胎移植，如卵巢上无发育的黄体，说明该受体羊没有发情，等待下一情期再进行人工授精或配种（图3-15）。用子宫钳向腹腔外拉子宫角时切记力度、速度要适中，将子宫角拉至腹腔外后，手术操作人员使用子宫角打孔器（专利号：ZL 2015 2 0272750.4）（图3-16）在子宫角小弯处打孔，打孔时选择子宫浆膜层2条毛细血管之间的位置进行打孔操作，减少出血（图3-17）。

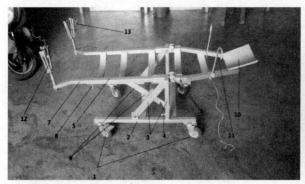

图3-14　胚胎移植架（ZL 2017 2 1247593.7）

图3-15　卵巢上黄体发育情况（腹腔镜观察）

图3-16　子宫角打孔器（ZL 2015 2 0272750.4）

图3-17　子宫角打孔技术应用

九、受体羊创口缝合技术

受体羊创口缝合，要求缝合线张力大小适宜，不过紧，也不过松，既保障创口愈合，又不至于缝合张力不够导致化脓。缝合打结要放置在伤口的右侧，便于伤口愈合。如打结处在创口正中，极易造成创口愈合困难和感染化脓（图3-18、图3-19）。

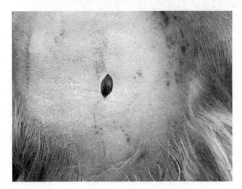

图3-18 受体羊创口位置及大小

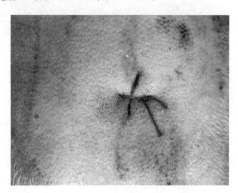

图3-19 受体羊创口缝合技术

十、妊娠检查

一般正常情况下，绵羊的孕期是150d。B超妊娠检查最适宜的时期是配种或胚胎移植后30～50d。这时子宫膨大明显，而子宫还没有过度膨胀，适宜用直肠探头进行B超鉴定。配种后超过50d的母羊适用腹部B超进行妊娠检查。超声波妊娠检查法是利用超声波对妊娠早期子宫中的胎水和胚泡进行扫描，以判断妊娠的一种物理检测方法。该检测方法一般在人工授精（配种或胚胎移植）后30d左右即能探测出是否妊娠。该检测方法准确率较高，但仪器价格较高，且需要一定的操作技巧。

目前，羊妊娠检查常用的技术手段包括超声波妊娠检查法、早期妊娠因子诊断法和孕酮检测法等。

1. 超声波妊娠检查法 超声波是一种频率高于20 000Hz的声波，其方向性好，穿透能力强，易于获得较集中的声能，在水中传播距离远，可用于测距、测速、清洗、焊接、碎石、杀菌消毒等。在医学、军事、工业、农业上有很多应用。超声波因其频率下限大于人的听觉上限而得名。

超声波具有良好的方向性，在羊体内传播时，遇到密度不同的组织和器官，即有反射、折射和吸收等现象出现，通过示波屏显示体内各种器官和组织对超声的反射和减弱规律来诊断疾病的一种方法。根据示波屏上显示的回波的距离、弱强和多少，以及衰减是否明显，可以判断体内某些脏器的活动功能，并能确切地鉴别出组织器官是否含有液体或气体，或为实质性组织（图3-20）。

2. 早期妊娠因子诊断法 早期妊娠因子（early pregnancy factors，EPF）属于热休克蛋白，是一种妊娠依赖性蛋白复合物，是妊娠早期（受精后6～24h）母体血清中最早

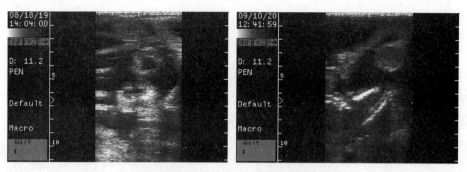

图 3-20　妊娠母羊 B 超影像

分泌的一种免疫抑制物质，可保护胎儿免受母体的免疫排斥。所以，EPF 常被作为一种动物早期妊娠诊断标志物来判定母畜妊娠状态。目前，常采用玫瑰花环抑制试验和 ELISA 来检测 EPF 活性。用玫瑰花环抑制试验，对妊娠动物血清中的 EPF 活性进行检测，检出准确率 82.4%，漏检率 17.6%。该方法虽不需昂贵的仪器，但操作烦琐、耗时，不适合大批样本检测，方法准确性也有待提高。另外，有研究报道 EPF 并不是胎盘特异性蛋白，原发性增生细胞及肿瘤细胞产物均可能释放该蛋白，妊娠诊断结果有可能出现假阳性现象。因此，以上 2 种方法因妊娠准确性低和过程烦琐无法作为常规检测技术在生产中推广应用（图 3-21）。

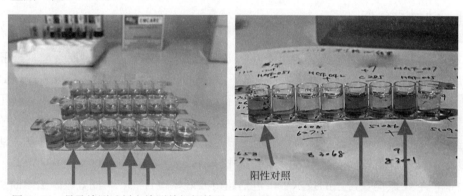

图 3-21　早孕检测试剂盒检测羊妊娠情况（除阳性对照外，其余箭头指示为妊娠阳性）

十一、耗材和实验设备

FSH（follicle-stimulating hormone），B 超仪，体式显微镜，腹腔镜（光源、光导纤维、镜头、穿刺鞘），子宫钳，手术刀柄和刀片（21 号和 23 号刀片），硅胶管，气瓶（CO_2），移植架（专利号：ZL 2017 2 1247593.7），注射器（1mL、5mL 和 20mL），盐酸塞拉唑注射液（静松灵），冲胚液，holding 液（胚胎保存液），移胚针，子宫角打孔器（专利号：ZL 2015 2 0272750.4），肠钳（用于宫管结合部阻流），100mm 培养皿或集卵杯，冲胚管，乙醇喷壶，碘酒喷壶，缝合线和可吸收线，止血钳，0.9% 生理盐水，$PGF_{2\alpha}$（供体冲胚结束后颈部肌内注射，用于溶解黄体，促进供体尽早恢复生殖机能），口吸管或检胚针，玻璃管（拉检胚针），移液枪。

第七节　腹腔镜输精技术

羊腹腔镜输精技术是家畜品种改良工作中一项最新的繁殖技术，是将精液直接输送到子宫角内，来大大提高人工授精的受胎率，最大限度地发挥母羊的繁殖生产潜力。近年来，腹腔镜输精技术在畜牧业生产中取得较大进展。羊腹腔镜输精技术的应用有效提升了同期发情和自然发情母羊的情期受胎率，缩短了产羔间隔时间，为充分利用母羊的繁殖潜能，提供了技术支撑和技术保障。在胚胎生产上，对供体采用腹腔镜输精技术，可以大大降低未受精卵的出现，提高可用胚胎质量，提高供体羊可用胚胎的贡献率。该技术在家畜品种改良、纯种繁育和新品种培育过程中都是一项非常重要的高新繁殖技术，在畜牧业发展中具有重要意义。

一、腹腔镜输精概念

腹腔镜输精（laparoscopy insemination，LAPI）又称为"定位精准输精"，是指人工采集种公羊精液，经过一定稀释比例和品质鉴定，再通过专门的腹腔镜输精设备将处理检测后的精液输入发情母羊的子宫角大小弯内，使母羊高效受胎的一种配种方式。

二、腹腔镜输精的意义

（1）克服了母羊子宫颈口构造特殊引起的精子不易通过的困难。

（2）减少精子在子宫内的运动距离，从而提高了羊鲜精和冷冻精液的受胎率。

（3）发情母羊只需要输精1次，精液用量少。

（4）很大程度上避免了母羊安静发情或假发情现象。

（5）大大提高了优秀种公羊利用效率。减少种公羊饲养数量，节约饲料和人工成本，提高养殖经济效益。

三、套管穿刺时的操作要点

（1）腹腔镜输精所使用的器械在使用前用0.1%新吉尔灭溶液浸泡消毒，将受体母羊保定在保定架上，呈仰卧，将四肢保定在保定架4个支架上，母羊姿势采用头低尾高，倾斜角度为40°～45°，手术部位先常规剪毛、再刮毛、清洗、消毒。

（2）麻醉应在输精操作前5～10min，采用盐酸塞拉唑注射液（静松灵）注射液在母羊后腿大腿内侧肌内注射0.2～0.4mL进行麻醉处理，术后不需要再注射解麻药，术后羊蹄着地即恢复知觉。

（3）手术部位刮毛，用碘酒和乙醇消毒后，用手术刀片轻切0.5cm的小口，将套管穿刺鞘的尖端从小切口处，迅速穿透腹壁肌肉层和腹膜等组织，在穿刺的同时，术者用左手5指与手掌部位抓起刮毛处皮肤，同时用力，则很容易穿透腹壁肌肉层和腹膜，完成套管穿刺鞘穿刺。

（4）腹腔镜镜头沿着穿刺鞘缓慢插入穿刺鞘内，用左眼贴近镜头目镜端，观察腹腔内子宫的状态，及卵巢卵泡发育、黄体发育和有无发情等。如果经过观察发现卵巢上呈现如小米粒至黄豆大小的鲜红色凸起，即可断定为卵泡已排卵。如卵巢表面有优势卵泡隆起，壁薄，呈半透明状，或卵泡隆起明显，隆起点有稍红色的血丝，则为即将排卵，有这些情况的应立即采取腹腔镜输精。如卵巢表面发白无大卵泡或隆起卵泡，同时观测子宫也无明显充血，即可判定为未发情或卵巢静止，不能输精。

（5）在确定母羊发情后，配合使用套管穿刺鞘、腹腔镜、气腹机与子宫角输精枪，套管穿刺鞘穿刺腹壁后，向腹腔内充 CO_2 气体，至腹部鼓起，插入腹腔镜镜头，调整腹腔镜镜头的视野，使整个子宫角显现在视野内，输精部位一般选在大弯和小弯 2 个部位，穿刺针针尖与子宫角大小弯成 90°，以打点式迅速插入子宫壁进入子宫内，每次输精尽量在大弯和小弯各输 1 次，以保障输精成功率。

四、腹腔镜输精手术部位

手术部位位于乳房前两侧肷窝部，手术前需刮毛，从乳房基部向前 12～15cm 均需要刮毛。在母羊腹中线旁 6～8cm 与乳房基部向前 8～10cm 交界处打孔。不同品种间穿刺位置略有差异，应适当调整穿刺部位。

五、子宫角输精部位

在确定母羊发情后，配合使用套管穿刺鞘、腹腔镜、气腹机与子宫角输精枪，将子宫角显现在视野内，输精部位选在大弯和小弯部位。

六、腹腔镜输精后的护理

每次输精结束后从腹腔内取出的所有器械必须浸泡在消毒液（新洁尔灭溶液）中待用。母羊输精后，由于创口较小，且为错位穿刺，除特殊情况的需要缝合外，一般不用缝合处理，这里的特殊情况主要是指创口快速出血。对伤口部位进行碘酒或碘酊喷雾消毒，同时需要肌内注射抗生素（青霉素或长效土霉素），在输精后 2～3h 要注意观察羊群。输精后的饲养也要遵循少喂勤加，饮水要适宜，不能一次性饮饱，以防腹压过大，造成腹壁肌肉撕裂。

七、腹腔镜输精时的注意事项

（1）腹腔镜输精前母羊需断食断水约 24h，以防止穿刺针穿破瘤胃或膀胱。
（2）打孔时应仔细辨别血管位置，尽量避免打孔出血，造成腹腔内肠管、子宫或大网膜粘连。

（3）打孔前可以用 21 号手术刀片预切 0.5cm 的切口，方便术者持穿刺针轻松穿透腹壁，预防力量过大误伤瘤胃或膀胱。

（4）在输精枪针尖刺入子宫角后输入精液，并通过腹腔镜镜头随时观察刺入部位的反应，应特别注意观察子宫壁是否有乳白色凸起，或推动输精枪时是否有阻力，或拔出输精枪后精液是否有回流等，如果有异常情况则需重新选择合适位置再次进行穿刺输精。

（5）如输精时发现子宫角有花生米或蚕豆大小的膨大，呈乳白色或半透明状，或视野中看不到子宫角的全貌，且能看到子宫动脉明显跳动，即母羊为妊娠期，不能输精（图3-22、图3-23）。

图 3-22　科研人员在装子宫角输精枪

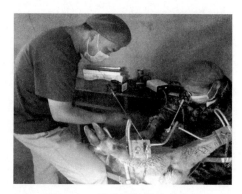
图 3-23　腹腔镜输精技术应用

八、药品及实验设备

必要药品和器材有：保定架，青霉素 160 万 IU 或油剂土霉素注射液，盐酸塞拉唑注射液（静松灵），输精枪套装（输精枪、带针硬外套、内芯）、输精枪穿刺鞘，气腹机或 CO_2 钢瓶，连接气腹机或 CO_2 钢瓶的胶管，腹腔镜套装（光源、光导纤维、打孔穿刺鞘），公羊精液鲜精或颗粒冻精或细管冻精，39℃温水，调温用凉水，暖瓶，玻璃拇指管，酒精温度计，孕酮，采精设备参照本章第三节内容。

第八节　同期排卵定时输精技术

同期排卵定时输精技术原理：主要利用 GnRH 刺激 LH 和 FSH 的释放，诱导内源性LH 排卵峰出现，促使诱导峰与自然峰重叠，达到发情与排卵同期化的目的。

Ovsynch 是 ovulation 和 Synchronization 的复合词，实质就是同期排卵定时输精技术。常用或经典程序是 $GnRH-PGF_{2\alpha}-GnRH$。这是一种基于 GnRH 发展而来的技术，基本程序是利用第 1 次注射的 GnRH 诱导排卵，促进新黄体的形成，并启动新的卵泡波。7d 后，颈部肌内注射 $PGF_{2\alpha}$，溶解新形成的黄体，注射 $PGF_{2\alpha}$ 48h 后，第 2 次注射GnRH，从而诱导新的卵泡排卵。试验研究表明，该方法处理的母羊，排卵时间为第 2 次注射 GnRH 后的 24～36h。因此，母羊的最佳输精时间为 14～26h，即比排卵时间提前10h 进行输精（图 3-24）。

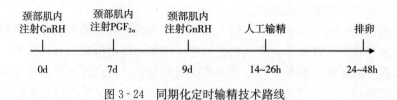

图 3-24　同期化定时输精技术路线

第四章
常见病防治 ▶▶▶

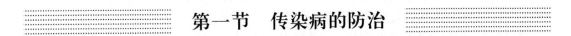

第一节　传染病的防治

家畜传染病学是研究家畜、家禽传染病发生和发展的规律以及预防和消灭这些传染病方法的科学，是兽医科学的重要预防学科之一。涉及家畜传染病的发生和发展规律，预防和消灭传染病的一般性措施，以及各种传染病的分布、病原、流行病学、发病机理、病理变化、临床症状、诊断和预防措施等。

一、布鲁氏菌病

1. 病原　布鲁氏菌病（brucellosis），是一种人兽共患的慢性传染病。其特点是生殖器官和胎盘发炎，引起流产、不育和各种组织的局部病症。

布鲁氏菌为革兰氏阴性小球杆菌。该菌有 6 个种，通常称马耳他布鲁氏菌为羊布鲁氏菌，流产布鲁氏菌为牛布鲁氏菌。

2. 流行病学特点　本病易感动物范围很广，但主要是羊、牛、猪。本病的传染源是病畜和带菌者。主要传播途径是消化道，即通过饮食被污染的饲料和水感染，也可通过皮肤、黏膜及生殖道感染。动物的易感性随着接近性成熟年龄而增高。人的传染源主要是患病动物，一般不会人传染人。

3. 症状　本病常不表现症状，首先被注意到的症状是流产。病畜流产前食欲减退、口渴、精神委顿、阴道流出黄色黏液。流产多发生于妊娠后的第三个月、第四个月。流产母羊多数胎衣不下，继发子宫内膜炎，影响受胎。公羊表现睾丸炎，睾丸上缩，行走困难，拱背，饮食减少，逐渐消瘦，失去配种能力。其他症状可能还有乳腺炎、支气管炎、关节炎及滑液囊炎。

4. 预防与治疗　本病无有效的治疗药物，采取加强对本病的检疫、免疫，发病后进行扑杀的综合性预防措施是行之有效的。羔羊每年离乳后进行一次布鲁氏菌病检疫，成年羊两年一药检。购进的羊必须进行检疫。发现病羊及时扑杀。当年阴性羔羊用"羊型 5 号（M5）弱毒活菌苗"接种。成年羊连续接种 2 年，1 年 1 次。

二、炭疽

1. 病原   炭疽（anthrax）是一种人兽共患的急性、热性、败血性传染病。其特点是败血症变化，脾显著肿大，皮下和浆膜下组织呈出血性胶样浸润，血液凝固不良。

炭疽杆菌是革兰氏阳性杆菌。它是兼性需氧菌，本病在病畜体内和未剖开的尸体中不形成芽孢，但暴露于充足的氧气和适当温度下能在菌体中央形成芽孢，炭疽杆菌菌体对外界理化因素的抵抗力不强，但芽孢有坚强的抵抗力，不易被杀死。

2. 流行病学特点   本病的传染源是患病动物。传播途径是采食被污染的饲草料和水经消化道感染，还可通过黏膜感染。自然条件下，草食家畜最易感。本病常呈地方性流行，干旱、多雨、洪涝、吸血昆虫多都是促使炭疽暴发的因素。

3. 症状   该病多为最急性症状，病羊体温 42℃ 以上，突然发病，昏迷，眩晕，摇摆，倒地，呼吸困难，结膜发绀，全身战栗，磨牙，口、鼻流出白色泡沫，肛门、阴门流出血液，且不易凝固，呼吸加快，心跳加速，黏膜发绀，后期全身痉挛，天然孔出血，数小时内即死亡。外观可见尸体迅速腐败，极度膨胀，天然孔流血，血液呈暗红色煤焦油样，凝固不良，可视黏膜发绀或有筋状出血，尸僵不全。对死于炭疽的羊严禁解剖。

4. 预防

（1）对炭疽常发地区或威胁区的家畜，应每年定期进行 1 次无毒炭疽芽孢苗、Ⅱ号炭疽芽孢苗和炭疽保护性抗原（PA）的预防注射，接种 14d 后产生免疫力，免疫期为 1 年。

（2）发生炭疽后，应立即报告上级，迅速确诊并查明疫情，对已确诊的患病动物，一般不予治疗。

（3）对动物尸体、排泄物以及被病畜污染的垫料、饲料、表土等，在指定地点深埋或焚烧。

三、口蹄疫

1. 病原   口蹄疫（foot-and-mouth disease）是一种由口蹄疫病毒引起的羊、牛、猪等偶蹄动物急性、热性、高度接触性传染病。其特征是在口腔黏膜、蹄部及乳房等处皮肤上发生水疱和烂斑。

口蹄疫病毒是小 RNA 病毒。根据其血清学特性，现已知有 7 个血清型，每一型内又有亚型，亚型内又有众多抗原差异显著的毒株。病毒的这种特性，给本病的检疫、防疫带来很大困难。

2. 流行病学特点   本病的传染源是患病动物。病毒通过呼吸道传播，其次是通过消化道、皮肤及黏膜感染。口蹄疫是一种传染性极强的传染病，可呈跳跃式传播流行，发生没有严格的季节性，但流行却有明显的季节规律，一般冬、春季易发生大流行。

3. 症状   病羊表现为口腔黏膜上可见水疱、烂斑和弥漫性炎症变化，体温升高，精神沉郁，不爱吃食或完全废绝，在放牧中可见病羊瘸腿、掉群或卧地不起，个别情况下发生死亡。羔羊多为急性胃肠炎和心肌炎突然死亡，病死率高达 50% 以上。剖检在食道和前胃黏膜上有水疱、烂斑和痂块。皱胃及肠黏膜有卡他性出血性肠炎。死于急性心肌炎的羔羊，可在左心室壁和中膈心肌切面上见到黄白相间的条纹或斑点，即"虎斑心"病变。

4. 预防　根据症状、流行特点可做出初步诊断。为鉴定病毒型，可取水疱皮或水疱液置 50％甘油生理盐水中，或采集恢复期血清，迅速送有关部门鉴定。发生口蹄疫的病羊必须整群扑杀，并严格消毒圈舍。一般可通过接种口蹄疫疫苗进行控制。疫区和威胁区普遍进行预防接种，以提高易感家畜对口蹄疫的特异性抵抗力，是综合防控措施最重要的环节。当发生口蹄疫时，应马上用与当地发生毒株型相同的疫苗进行紧急预防接种。发现该病时，应及时向当地畜牧兽医站报告，采取疫区封锁，病羊及同群羊扑灭深埋，场地彻底消毒等措施。

四、羊痘

1. 病原　羊痘（sheep pox）是羊的一种急性、热性、接触性传染病。该病以无毛或少毛的皮肤和黏膜上生痘疹为特征。出现典型的斑疹、丘疹、水疱、脓疱和结痂等病理过程。

羊痘病毒属于山羊痘病毒属的绵羊痘病毒。病毒对温度有高度抵抗力，在干燥的痂块中可以存活几年。

2. 流行病学特点　本病主要通过呼吸道传播，也可通过损伤的皮肤和黏膜感染。所有绵羊都易感，以细毛羊最为易感，羔羊比成年羊易感，病死率也高。多发于冬末春初，气候寒冷、饲草料缺乏等因素可促使发病。

3. 症状　本病潜伏期平均为 6～8d，病羊体温升高至 41～42℃，精神不振，食欲减退，拱腰发抖，眼睛流泪，咳嗽，鼻孔有黏性分泌物。2～3d 后在羊的嘴唇、鼻端、乳房、阴门周围及四肢内侧等处的皮肤上出现红疹，继而体温下降，红疹渐肿凸出，形成丘疹。数日后丘疹内有浆液性渗出物，中心凹陷，形成水疱，再经 3～4d 水疱化脓形成脓疱，以后脓疱干燥结痂，再经 4～6d 痂皮脱落遗留红色疤痕。该病多继发肺炎或化脓性乳腺炎，妊娠后期的母羊多流产。有的病例不呈现上述典型经过，仅出现体温升高或出少量痘疹，或痘疹呈结节状，在几天内干燥脱落，不形成水疱和脓疱。有的病例见痘内出血，呈黑色痘。有的病例痘疱发生化脓或坏疽，形成较深的溃疡，发出恶臭味，致死率很高。在前胃或皱胃的黏膜上往往有大小不等的圆形或半圆形坚实的结节，单个或融合存在。有的引起前胃黏膜糜烂或溃疡，咽和支气管黏膜也常有痘疹，肺有干酪样结节和卡他性肺炎区，淋巴结肿大。

4. 预防与治疗　对羊痘的治疗目前无特效药，主要是做好预防和对症治疗。

（1）平时注意环境卫生，加强饲养管理。

（2）检疫。特别是引进种羊，隔离 4 个星期。

（3）疫区内用疫苗预防接种，羊痘鸡胚化弱毒疫苗，0.5mL/只，尾根部皮下注射，免疫期 1 年。

（4）发病山羊立即进行隔离治疗和消毒，病死山羊尸体立即深埋，防止病原扩散。

（5）注射血清。皮下注射，大羊 10～20mL，小羊 5～10mL。

（6）对症疗法。10％NaCl 溶液 40～60mL 或 NaHCO₃溶液 250mL，静脉滴注。用 1％高锰酸钾溶液洗涤患部，再涂擦碘甘油。

（7）支持疗法。10％葡萄糖溶液 500mL、5％葡萄糖酸钙溶液 40mL、青霉素 380 万 IU、链霉素 2g，一次静脉滴注。

五、羊小反刍兽疫

1. 病原　小反刍兽疫病毒属副黏病毒科麻疹病毒属。小反刍兽疫（peste ruminant of sheep）俗称羊瘟，又名小反刍兽假性牛瘟、肺肠炎（pneumoenteritis）、口炎肺肠炎复合症，是由小反刍兽疫病毒引起的一种急性病毒性传染病，主要感染小反刍动物，以发热、口炎、腹泻、肺炎为特征。

2. 流行病学特点　本病主要感染山羊、绵羊等小反刍动物。传染源多为患病动物及其分泌物、排泄物，以及被其污染的草料、用具和饮水等，处于亚临床型的病羊尤为危险。该病主要通过直接或间接接触传播，感染途径以呼吸道为主，饮水也可以导致感染；潜伏期一般为 4～6d，最长可达到 21d；易感羊群发病率通常达 60％以上，病死率可达 50％以上。

3. 症状　自然发病仅见于山羊和绵羊。山羊发病严重，绵羊也偶有严重病例发生。一些康复山羊的唇部形成口疮样病变。感染动物临床症状与患牛瘟的病牛相似。急性型体温可上升至 41℃，并持续 3～5d。感染动物烦躁不安，背毛无光，口鼻干燥，食欲减退。流黏液性脓性鼻漏，呼出恶臭气体。在发热的前 4d，口腔黏膜充血，颊黏膜进行性广泛性损害，导致多涎，随后出现坏死性病灶，开始口腔黏膜出现小的粗糙的红色浅表坏死病灶，以后变成粉红色，感染部位包括下唇、下齿龈等处。严重病例可见坏死病灶波及齿垫、腭、颊部及其乳头、舌头等处。后期出现带血水样腹泻，严重脱水，消瘦，随之体温下降。出现咳嗽、呼吸异常。发病率高达 100％，在严重暴发时，死亡率为 100％，轻度发生时，死亡率不超过 50％。幼年动物发病严重，发病率和死亡都很高，为我国划定的一类疾病。

4. 预防　对本病尚无有效的治疗方法。在本病的洁净国家和地区发现病例，应严密封锁，扑杀病羊，隔离消毒。对本病的防控主要靠疫苗免疫。因为本病毒与牛瘟病毒的抗原具有相关性，可用牛瘟病毒弱毒疫苗来免疫接种绵羊和山羊进行小反刍兽疫的预防。牛瘟弱毒疫苗免疫接种后产生的抗牛瘟病毒抗体能够抵抗小反刍兽疫病毒的攻击，具有良好的免疫保护效果。

六、羊支原体性肺炎

1. 病原　羊支原体性肺炎（mycoplasma pneumonia of sheep），又称羊传染性胸膜肺炎，是由支原体所引起的一种高度接触性传染病，其临床症状为高热、咳嗽，胸和胸膜发生浆液性和纤维素性炎症，传染性强，死亡率高。

羊支原体性肺炎的病原体为丝状支原体山羊亚种和绵羊肺炎支原体。

2. 流行病学特点　本病常呈地方流行性，接触传染性很强，病羊和带菌羊的肺和胸腔的渗出液中含有大量的病原体，经呼吸道排毒。阴雨连绵，寒冷潮湿，羊群密集、拥挤等因素，有利于空气-飞沫传染的发生。多发生在山区和草原，主要见于冬季和早春枯草季节，羊缺乏营养，容易受寒感冒，因而机体抵抗力降低，较易发病，发病后病死率也较高。

3. 症状　本病潜伏期短者5～6d，长者3～4周，平均18～20d。根据病程和临床症状，可分为最急性型、急性型和慢性型。病羊表现为体温升高，精神沉郁，食欲减退，随即咳嗽，流浆液性鼻液，4～5d后咳嗽加重，干而痛苦，鼻液变为脓性，常黏附于鼻孔、上唇，呈铁锈色。呼吸困难，高热稽留，腰背拱起呈痛苦状。妊娠羊大部分流产。肚胀腹泻，甚至口腔溃烂，眼睑肿胀，口半开张，流泡沫样唾液，头颈伸直，最后病羊衰竭死亡。病期多为7～15d，长的达1个月，不死的转为慢性。病变多局限于胸部，胸腔有淡黄色积液，肺部出现纤维蛋白性肺炎，切面呈大理石样。胸膜、心包膜粘连。支气管淋巴结和纵隔淋巴结肿大，有出血点，心包积液，肝、脾肿大，肾肿大，被膜下可见有小出血点。

4. 预防与治疗

（1）做好羊群的免疫接种工作，防止病羊和带菌羊的引入或迁入。对从外地引进的羊，必须隔离1个月以上，经检疫无病后方可混群饲养。每年5月注射山羊传染性胸膜肺炎疫苗，肌内注射，大羊每只5mL，小羊每只3mL。

（2）新砷凡纳明（九一四）静脉注射。每只成年羊0.3～0.5g；5月龄以下羔羊0.1～0.2g；5月龄以上青年羊0.2～0.14g，溶于50～100mL的糖盐水中一次缓慢静脉注射。必要时3～5d后再注射1次，剂量减半。

（3）土霉素25～50mg/g，每天分2次口服。

（4）氯霉素30～50mg/g，分2次口服。

（5）对病羊深部肌内注射特效米先0.1mL/kg。

七、羊传染性脓疱

1. 病原　本病又称羊传染性脓疱（infectious pustules of sheep），俗称羊口疮，是绵羊和山羊的一种病毒性传染病。羔羊多为群发，以口唇等处皮肤和黏膜形成丘疹、脓疱、溃疡和结成疣状厚痂为特征。

传染性脓疱病毒又称羊口疮病毒，属于痘病毒科、副痘病毒属。病毒对外界具有相当强的抵抗力，但对温度较为敏感，60℃ 30min可以杀死病毒。

2. 流行病学特点　本病只危害绵羊和山羊，且以3～6月龄的羔羊发病为多，常呈群发性流行。成年羊也可感染发病，但呈散发性流行。人也可感染羊口疮病毒。病羊和带毒羊为传染源，主要通过损伤的皮肤、黏膜感染。自然感染是由于引入病羊或带毒羊，或者利用被病羊污染的厩舍或牧场而引起。由于病毒的抵抗力较强，本病在羊群内可连续危害多年。

3. 症状　本病潜伏期4～8d。在临床上一般分为唇型、蹄型和外阴型3种病型，也见混合型感染病例。唇型病羊表现为口角或上唇，有时在鼻镜上发生散在的红斑、痘疹或小结节，继而形成水疱和脓疱，脓疱溃破后形成黄色或棕色的疣状硬痂。由于有渗出液，痂垢逐渐扩大、增厚。如果为良性，1～2周则痂皮干燥、脱落而恢复正常。一般无全身症状。严重病例，患部继续发生痘疹、水疱、脓疱和痂垢，并互相融合，波及整个口唇及眼睑和耳郭。痂垢不断增厚，痂垢下伴有肉芽组织增生，整个嘴唇肿大外翻呈桑葚状隆起。唇部肿大影响采食，病羊日趋衰弱而死亡。有些病例还常伴有化脓菌和坏死杆菌等继发感染，引起深部组织的化脓和坏死，使病情恶化。蹄型多见于绵羊，常在蹄叉、蹄冠和系部皮肤上形成水疱、脓疱和溃疡。病羊跛行，长期卧地，衰竭而死亡。外阴型较少见，母羊有黏性和脓性阴道分泌物，在肿胀的阴唇和附近的皮肤上有溃疡；乳房和乳头的皮肤上发生脓疱、烂斑和痂垢；公羊出现阴鞘肿胀，阴鞘口和阴茎上发生小脓疱和溃烂。

4. 诊断与治疗 唇型可先用水杨酸醋将结痂软化，然后用0.1%～0.2%高锰酸钾溶液冲洗创面，再涂以2%龙胆紫、5%碘酊甘油或5%土霉素软膏，每天2～3次。蹄型每隔2～3d用3%龙胆紫、1%苦味酸或10%硫酸锌乙醇溶液重复涂擦。

八、羊快疫

1. 病原 羊快疫（bradsot of sheep）是由腐败梭菌经消化道感染引起的主要发生于绵羊的一种急性传染病。本病以突然发病、病程短促、皱胃出血性炎性损害为特征。

2. 流行病学特点 发病羊多为6～18月龄、营养较好的绵羊，山羊较少发病。主要经消化道感染。腐败梭菌通常以芽孢体形式散布于自然界，特别是潮湿、低洼或沼泽地带。羊采食污染的饲草或饮水，芽孢体随之进入消化道，但并不一定引起发病。当存在诱发因素时，特别是秋冬或早春季节天气骤变、阴雨连绵之际，羊寒冷饥饿或采食了冰冻带霜的草料时，机体抵抗力下降，腐败梭菌即大量繁殖，产生外毒素，使消化道黏膜发炎、坏死并引起中毒性休克，使病羊迅速死亡。本病以散发性流行为主，发病率低而病死率高。

3. 症状 病羊往往来不及表现临床症状即突然死亡，常见在放牧时死于牧场或早晨发现死于圈舍内。病程稍缓者，表现为不愿行走，运动失调，腹痛，腹泻，磨牙，抽搐，最后衰弱昏迷，口流带血泡沫，多于数分钟或几小时内死亡，病程极为短促。

4. 预防与治疗 病羊往往来不及治疗而死亡。对病程稍长的病羊，可以治疗。青霉素，肌内注射，每次80万～160万IU，每天2次；磺胺嘧啶，灌服，每次每千克体重5～6g，连用3～4次；10%～20%石灰乳，灌服，每次50～100mL，连用1～2次；复方磺胺嘧啶钠注射液，肌内注射，每次每千克体重0.015～0.02g（以磺胺嘧啶计），每天2次；磺胺脒，每千克体重8～12g，第1天1次灌服，第2天分2次灌服。

九、羔羊痢疾

1. 病原 羔羊梭菌性痢疾习惯上称为羔羊痢疾（lamb dysentery），俗称红肠子病，是新生羔羊的一种毒血症，其特征为持续性腹泻和小肠发生溃疡，死亡率很高。

2. 流行病学特点 该病潜伏期1～2d，有时可缩短为几个小时，主要发生于7日龄内的羔羊，其中又以2～3日龄的发病最多。纯种细毛羊的适应性差，发病和死亡率最高，杂种羊则介于纯种和土种羊之间，其中杂交代数越高，发病率和死亡率也越高。病羊及带菌母羊为重要传染源，经消化道、脐带或伤口感染，也有子宫内感染的可能。呈地方性流行。一旦某一地区发生本病，以后几年内可能继续使3周以内的羔羊患病，表现为亚急性或慢性。

3. 症状 病羔精神委顿，头垂背弓，停止吮乳，懒于走动，伴有腹痛，前便秘后腹泻，粪便呈黄色液体粥状，后带黏膜颜色，肛门周围及尾根沾满水样粪便，有恶腥臭味。病羔体温、心跳、呼吸无显著变化。后期大便带血，肛门失禁，眼窝下陷，卧地不起，最后衰竭而死。

4. 预防与治疗

（1）加强对妊娠母羊的饲养管理，供给充足的营养，保证胎儿正常发育。

（2）保证妊娠母羊所处羊舍清洁、保暖，必要时可进行一次消毒工作。

（3）给羔羊注射羔羊痢疾抗血清。

（4）口服土霉素、链霉素各0.125～0.25g，也可再加乳酶生1片，每天2次。

（5）注射羔羊痢疾抗血清，1d1次，同时可配合刀豆素，肌内注射，一瓶治疗量：100kg体重。视病情严重程度连用1～3次即可。

（6）先灌服含0.5%甲醛的6%硫酸镁溶液30～60mL，6～8h后再灌服1%高锰酸钾溶液10～20mL，每天2次。

十、羊疥癣

1. 病原 疥癣由疥螨、痒螨和足螨3种寄生虫危害引起。羊疥癣（sheep scab）的特征是皮肤炎症、脱毛、奇痒及消瘦。

2. 流行病学特点 羊疥癣病是由于健康羊接触病羊或通过有螨虫的畜舍和用具等而被感染的，在秋末、冬季和早春多发，阴暗潮湿、圈舍拥挤和常年舍饲可增加发病概率、延长流行时间。

3. 症状 病初虫体刺激羊的神经末梢，引起剧痒，羊不断地在圈墙、栏杆等处摩擦患部。在阴雨天气、夜间、通风不良的圈舍病情会加重，然后皮肤出现丘疹、结节、水疱，甚至脓疱，以后形成痂皮或龟裂。绵羊患疥螨时，病变主要在头部，可见大片被毛脱落。病羊因终日啃咬和摩擦患部，烦躁不安，影响采食量和休息，日见消瘦，最终极度衰竭死亡。疥螨病一般开始于皮肤柔软且毛短的地方，如嘴唇、口角、鼻面、眼圈及耳根部，以后皮肤炎症逐渐向四周蔓延；痒螨病则起始于被毛稠密和温度、湿度比较恒定的皮肤部分，如绵羊多发生于背部、臀部及尾根部；足螨一般发生在趾爪基部，动物表现为高度不安，食欲减退，逐渐消瘦。

4. 预防与治疗

（1）对新买的羊要隔离观察，并进行药物防治后再混群。若发现病羊应及时隔离并治疗。

177

（2）可选用阿维菌素、伊维菌素，每千克体重按有效成分 0.2mg 口服或皮下注射，可于晚秋开始用药，每隔 1 个月用药 1 次，连用 2～3 次。

（3）本病羊数量多，且气候温暖时，进行药浴治疗，用二嗪农（螨净）水溶液进行药浴。

（4）气候寒冷发病少时，可局部用药。在用药前，先用肥皂水软化痂皮，翌日用温水洗涤，再涂药。用克辽林擦剂涂擦患部。

十一、羊肠毒血症

1. 病原 羊肠毒血症（enterotoxemia）是产气荚膜梭菌 D 型在羊肠道内大量繁殖并产生毒素所引起的绵羊急性传染病。该病以发病急，死亡快，死后肾多见软化为特征，又称软肾病、类快疫。

2. 流行病学特点 绵羊和山羊均可感染，以 4～12 周龄哺乳羔羊多发。本病呈地方流行或散发，绵羊发生较多，山羊发生较少，具有明显的季节性和条件性，多发于春末夏初或秋末冬初。

3. 症状 病程急速，发病突然，有时见到病羊向上跳跃，跌倒于地，发生痉挛，数分钟内死亡。病程缓慢的可见兴奋不安，空嚼，咬牙，嗜食泥土和其他异物，头向后倾或斜向一侧，做转圈运动；有的病羊呈现步行不稳，侧卧，角弓反张，口吐白沫，腿蹄乱蹬，全身肌肉战栗等症状。病羊中等以上膘情，鼻腔流出黄色浓稠胶冻状鼻液，口腔流出带青草的唾液，僵尸一般，不膨气。

4. 预防与治疗 春夏之际少抢青、抢茬，秋季避免吃过量结籽的饲草；发病时搬圈至高燥地区。常发区定期注射羊厌气菌病三联苗或五联苗，大小羊一律皮下注射或肌内注射 5mL。病程缓慢的可用免疫血清或抗生素、磺胺类药物等。本病重在预防，羊舍应建在高燥的地方，避免过多饲喂精饲料、多汁饲料。

十二、羊肺炎

1. 病原 羊肺炎（the lamb pneumonia）一般是由肺炎链球菌、支原体、巴氏杆菌、肺丝虫等细菌和寄生虫机械作用造成肺部感染所引起的疾病。

2. 流行病学特点 此病多发生于冬末春初昼夜温差大的季节，并多见于瘦弱母羊产下的羔羊。由温带转入寒带饲养的羊所产羔羊发病率高。该病发病不分年龄，也没有具体的发病时间，四季都能发病。不同品种的羊发病感染的程度也不一样。

3. 症状 本病可分为 2 种，即小叶性肺炎和纤维性肺炎。小叶性肺炎，常由于感冒和吸入异物（尘沙）及灌药不慎进入肺部而引起。纤维性肺炎，由于某些传染病并发肺炎，如绵羊痘、出血性败血症、羔羊副伤寒、肺炎常引起本病。纤维性肺炎，一般病情较重。病羊常见症状为精神不振、食欲减退或拒食，体温升高至 40～42℃，呼吸困难，短而粗，咳嗽有疼痛感，流出浆液性或脓性鼻液，脉搏快而弱。叩诊肺部，呈浊音或半浊音，在病变的周围处可听诊到湿性啰音，有黏膜发绀。病情恶化时，因窒息而死。

4. 预防与治疗

（1）胸腔注射青霉素 10 万～20 万 IU，链霉素 10 万～20 万 U，在倒数第 6～8 肋间，背部向下 4～5cm 处进针，进针深 1～2cm，每天 2 次，连用 3～4d。

（2）氨苯磺胺，第 1 天用 16～18g，分 3 次，每 8h 服 1 次。以后用量减到 12g，分 3 次内服，但连服不得超过 5d。

十三、羊腹泻

1. 病原 羊腹泻（sheep diarrhea）是由病原微生物感染、消化系统机能紊乱而引起的一种常见病，对养羊业危害较大。羊腹泻主要由轮状病毒、大肠杆菌、链球菌、沙门氏菌、产气荚膜梭菌、寄生虫引起。

2. 流行病学特点 该病多发生于 7 日龄内羔羊，以 2～4 日龄羔羊发病率最高。羊腹泻多发生在潮湿的季节，以秋冬和冬春季节转换，天气突变时多发。羊腹泻的发病高峰期在每年的 6 月和 7 月。

3. 症状

羔羊腹泻：病初羔羊精神萎靡，不吃奶，腹壁紧张，触摸有痛感，继而发生粥状或水样腹泻，排泄物起初呈黄色，然后转为淡灰白色，含有乳凝块，严重时混有血液；排粪时表现痛苦和里急后重；病羔衰弱，精神委顿，食欲废绝，久卧不起，常因脱水而引起死亡。

成年羊腹泻：排出黄绿色或黑色稀软粪便。严重者粪便呈水样或粥样，有臭味或恶臭味，并有黏液。可能继发肠型大肠杆菌或肠道炎症而导致严重脱水或自体中毒，全身恶化而死亡。

4. 预防与治疗

（1）主要是注意饲养管理，保持圈舍卫生和饮喂用具卫生。饮喂应定时定量，春冬寒冷季节要让圈舍保持一定的温度，舍饲羊要适当运动和阳光照射。同时，注意饲喂全价饲料。

（2）病羊病情较轻者，只要改善饲喂的草料的品质，改善舍饲环境，不治即可自愈。人工舍饲的羔羊应停奶，并于 24h 内灌服电解质溶液，然后再逐渐喂奶。如果该病继发肠道炎症，应参照胃肠炎的疗法，口服或注射抗菌药。具体方法如下：

①口服土霉素、链霉素各 0.125～0.25g，也可再加乳酶生 1 片，每天 2 次。

②肌内注射美喹多司（痢菌净），每次 1～2mL，2 次即可。

第二节　内科病的防治

一、羊肠痉挛

1. 病因 羊肠痉挛（sheep intestines spasm）又称肠痛、卡他性肠痛、卡他性肠痉挛，是由于肠平滑肌受到异常刺激发生痉挛性收缩，并以明显的间歇性腹痛为特征的一种腹痛病。羊肠痉挛的主要病因是受冷，如突饮冷水，气温降低，出汗后淋雨或被冷风侵袭等。饲喂冰霜饲料、霉烂腐败及虫蛀不洁的饲料，以及肠道寄生虫等，也可引起本病。

2. 症状 该病发作时，病羊表现前肢刨地，后肢踢腹，回顾腹部，起卧不安，卧地滚转，持续 5～10min 后，便进入间歇期。在间歇期，病羊外观上与健康羊无太大差别，安静站立，有的尚能采食和饮水。但经过 10～30min，腹痛又发作，经 5～10min 后又进入腹痛间歇期。有的病羊，随着时间的推移，腹痛逐渐减轻，间歇期延长，常不药而愈。病羊除表现间歇性腹痛外，还有下列症状：病轻者，口腔湿润，口色正常或色淡；病重者，口色发白，口温偏低，耳鼻部发凉。除腹痛发作时呼吸急促外，体温、呼吸、脉搏变化不大。大、小肠肠音增强，连绵不断，有时在数步之外都可听到高朗的肠音，偶尔出现金属音，随肠音增强，排粪次数也相应增加，粪便很快由干变稀，但其量逐渐减少。

3. 预防与治疗

(1) 加强管理，尤其是在早春、晚秋或阴雨天气，要注意不让羊群受凉，防止寒夜露宿、汗后雨淋或被冷风侵袭。妥善饲养，不喂冷冻、霉败及虫蛀不洁草料，避免突饮冷水。

(2) 解痉镇痛。本病有时腹痛剧烈，可皮下注射 30％安乃近注射液或静脉注射 30％安乃近 20～30mL 或阿尼利定（安痛定）或复方氨基比林注射液 20～40mL，水合氯醛 10～25g，加水适量灌服。也可静脉注射 5％水合氯醛乙醇注射液，或者肌内注射盐酸消旋山莨菪碱注射液，用量应参照药物说明书。这些药物的疗效都很显著，一般情况下，一剂即可治愈。

(3) 清肠止酵。可用水合氯醛 3g，樟脑粉 3g，植物油（或液状石蜡油）200mL，内服。或者用人工盐 30g，芳香氨醑 10mL，陈皮酊 15mL，水合氯醛 3g，加水溶解，内服。也可用人工盐 30g，鱼石脂 3g、乙醇 50mL，加水溶解，内服。

二、瘤胃积食

1. 病因 瘤胃积食（impaction of the rumen）又称急性瘤胃扩张，是反刍动物贪食大量饲料引起瘤胃扩张，内容物停滞和阻塞以及整个前胃机能障碍，形成脱水和毒血症的一种严重疾病。山羊比绵羊多发，年老母羊较易发。本病多发生于舍饲羊或瘦弱羊。

2. 症状 该病常在饱食后数小时内发病，病羊不安，目光呆滞，拱背站立，回顾腹部或后肢踢腹，反复起卧；食欲废绝、反刍停止、虚嚼、磨牙、时而努责，常有呻吟、流涎、嗳气，有时作呕或呕吐。瘤胃蠕动音减弱或消失；触诊瘤胃，内容物硬实，有的病例呈粥状；腹部膨胀，瘤胃背囊有一层气体，穿刺时可排出少量气体和带有臭味的泡沫状液体。腹部听诊，肠音微弱或沉寂。病羊便秘，粪便干硬，色暗；间或发生腹泻。瘤胃内容物呈粥状，恶臭时，表明继发中毒性瘤胃炎。晚期病例，腹部胀满，瘤胃积液，呼吸急促，心悸动增强，脉率增快；皮温不整，四肢下部、角根和耳冰凉，全身颤抖，眼窝凹陷，黏膜发绀，病羊衰弱，卧地不起，陷于昏迷状态。病情加重时，病羊呼吸困难，结膜发绀，脉搏增数，若无并发症，体温正常。因过食大量豆谷精饲料所引起的积食，通常呈急性，主要表现为中枢神经兴奋性增高、侧卧、脱水、中毒症状。

3. 预防与治疗

（1）应加强饲养管理，防止过食，避免突然更换饲料，粗饲料要适当加工软化后再喂。

（2）原则是增强瘤胃蠕动机能，促进瘤胃内容物排出，调整与改善瘤胃内微生物环境，防止脱水与自体中毒。一般病例，先绝食，后限制饮水，增加运动。

（3）按摩疗法。按摩瘤胃，每天可进行多次，每次 10～20min，适当运动，促进瘤胃蠕动。

（4）洗胃疗法。将胃导管插入羊瘤胃中，然后来回抽动，以刺激瘤胃收缩，使瘤胃内液状物经胃导管流出。若瘤胃内容物不能自动流出，可在胃导管另一端连接漏斗，向瘤胃内注温水 3 000～4 000mL，待漏斗内液体全部流入胃导管内时，取下漏斗并放低羊头和胃导管，用虹吸法将瘤胃内容物引出体外，如此反复数次即可。然后再灌入碳酸氢钠片 0.3g×50 片、人工盐 50g、酵母片 0.5g×50 片、健康羊胃液适量，一般一次即愈。

（5）药物疗法。用静脉注射促反刍液。酒石酸锑钾 0.5～1g，乙醇 5～10mL，加水 100mL，一次口服。硫酸钠 50g，大黄苏打 0.3g×50 片，鱼石脂 2g，陈皮酊 30mL，液状石蜡油 200mL，一次灌服。羔羊酌减。中药可服用三仙硝黄散，体质弱者可服用黄芪散。严重的瘤胃积食，经药物或洗胃治疗效果不好时，应早期做瘤胃切开术。

三、瘤胃臌胀

1. 病因　瘤胃臌胀（ruminal tympany）是羊采食了大量容易发酵的饲料，在瘤胃内微生物的作用下，异常发酵，产生大量气体，引起瘤胃和网胃急剧膨胀，导致呼吸与血液循环障碍，发生窒息现象的一种疾病。本病绵羊多见。

2. 症状　急性瘤胃臌胀，通常在采食不久发病。病羊腹部迅速膨大，左肷窝明显凸起，严重者高过背中线。反刍和嗳气停止，食欲废绝，发出呻声，表现不安，回顾腹部。腹壁紧张而有弹性，叩诊呈鼓音；瘤胃蠕动音初期增强，常伴发金属音，后减弱或消失。呼吸急促，甚至头颈伸展，张口呼吸。胃导管检查：非泡沫性臌胀时，从胃导管内排出大量酸臭的气体，臌胀明显减轻；而泡沫性臌胀时，仅排出少量气体，而不能解除臌胀。病的后期，心力衰竭，血液循环障碍，静脉怒张，呼吸困难，黏膜发绀，眼神恐惧，出汗，间或肩背部皮下气肿，站立不稳，步态蹒跚甚至突然倒地，痉挛，抽搐，最终因窒息和心脏停搏而死亡。慢性瘤胃臌胀，多为继发性瘤胃臌胀。瘤胃中等度膨胀，常为间歇性反复发作。

3. 预防与治疗

（1）加强饲养管理，不让羊采食霉败和易发酵饲料，或雨后、霜露、冰冻的饲料。如果饲喂多汁易发酵的饲料，应定时定量，喂后不要立即饮水。

（2）治疗原则是排出气体、理气消胀、强心补液、健胃消导、恢复瘤胃蠕动。

（3）病情较轻的病羊，使其立于斜坡上，保持前高后低姿势，不断牵引其舌，同时按摩瘤胃，促进气体排出。

（4）若通过上述处理效果不显著时，可用松节油 20～30mL，鱼石脂 10～20g，乙醇 30～50mL，温水适量，或者内服 8％氧化镁溶液 500mL，以止酵消胀。也可灌服胡麻油合剂［胡麻油（或清油）100mL，芳香氨醑 8mL，松节油 6mL，樟脑醑 6mL，常水适量］，成年羊一次灌服。

（5）泡沫性臌胀，以灭沫消胀为目的。可内服表面活性药物，如二甲硅油 0.5～1g，消胀片 25～50 片/次。也可用松节油 3～10mL，液状石蜡油 30～100mL，常水适量，一次内服。

（6）当药物治疗效果不显著时，应立即施行瘤胃切开术，取出其内容物。

（7）当有窒息危险时，首先应实行胃导管放气或用套管针穿刺放气（间歇性放气），防止窒息。放气后，为防止内容物发酵，宜用鱼石脂 2～5g，乙醇 20～30mL，常水150～200mL，一次内服，或从套管针内注入生石灰水或 10％氯化钠溶液 60～100mL，或2～5mL 稀盐酸，加水适量。此外，放气后，还可用 0.25％普鲁卡因溶液 5～10mL 将 40 万～80 万 IU 青霉素稀释，注入瘤胃。

四、瘤胃酸中毒

1. 病因　瘤胃酸中毒（rumen acidosis），是瘤胃积食的一种特殊类型，又称急性碳水化合物过食、谷物过食、乳酸中毒、消化性酸中毒、酸性消化不良以及过食豆谷综合征等，是因过食了富含糖类的谷物饲料，于瘤胃内发酵产生大量乳酸后引起的急性乳酸中毒。在临床上以精神沉郁、瘤胃臌胀、脱水等为特征。

羊过食谷物饲料后，瘤胃内容物 pH 和微生物群系发生改变，一方面，产酸的牛链球菌和乳酸杆菌迅速增加，产生大量乳酸，瘤胃 pH 下降到 5 甚至更低。此时，瘤胃内渗透压升高，使体液通过瘤胃壁向瘤胃内渗透，致使瘤胃臌胀和机体脱水；另一方面，大量乳酸被吸收，致使血液 pH 下降，引起机体酸中毒。此外，瘤胃内乳酸浓度增高，不仅可引起瘤胃炎，而且有利于霉菌滋生，导致瘤胃壁坏死，并造成瘤胃微生物扩散，损伤肝并引起毒血症。

病程稍长的病例，持久的高酸度损伤瘤胃黏膜并引起急性坏死性瘤胃炎，坏死杆菌入侵，经血液转移到肝，引起脓肿。非致死性病例可缓慢恢复，并慢慢地重新开始采食。

2. 症状　一般在大量摄食谷物饲料后 4～8h 发病，且发展速度很快。病羊精神沉郁，食欲废绝，反刍停止。触诊瘤胃胀软，体温正常或升高，心跳加快，眼球下陷，血液黏稠，尿量减少。腹泻或排粪很少，有的出现蹄叶炎而跛行。随着病情发展，病羊极度痛苦、呻吟、卧地昏迷而死亡。急性病例，常于 4～6h 死亡，轻型病例可耐过，如病期延长也多死亡。

3. 预防与治疗

（1）避免羊接近谷物和红薯干等；选入围栏育肥场适应了粗饲料的羔羊，日粮应逐渐地、分阶段地由低比例的精饲料变为高比例的精饲料，饲料转换最少应在 7～10d 完成；精饲料内添加缓冲剂和制酸剂，如碳酸氢钠、氢氧化镁或氧化镁等，使瘤胃内 pH 保持在 5.5 以上；可在精饲料内添加抑制乳酸菌的一些抗生素，如拉沙力菌素、莫能菌素、硫肽菌素等。

（2）用矿物油灌肠，以清理和排空瘤胃；用抑制或减少瘤胃内容物的吸收；静脉注射5％碳酸氢钠溶液，注射剂量为500～1 000mL；再用10％硫代硫酸钠50～100mL，静脉注射，全身症状可逐渐好转。

（3）中和血液酸度以缓解机体酸中毒。静脉注射5％碳酸氢钠溶液200mL。

（4）补充体液防止脱水。补充5％葡萄糖生理盐水或复方氯化钠溶液，静脉注射500～1 000mL，补液中加入强心剂效果更好。

（5）对症疗法。如伴发蹄叶炎时，可注射抗组胺药物；为防止休克，宜选用肾上腺皮质激素类药物；为恢复胃肠消化机能，可给予健胃药和前胃兴奋剂。

五、羊妊娠毒血症

1. 病因　妊娠毒血症（toxemia of pregnancy in sheep），又称子痫前症、产前子痫症、妊娠母羊营养性酮尿病或肝脂肪变性，是妊娠母羊的一种亚急性代谢病。多发生于妊娠的最后2个月，也见于分娩前2～3d。本病的特点是肝脂肪浸润，低血糖和血、尿中出现酮体。

2. 症状　初期病羊精神沉郁，放牧或运动时常离群呆立，对周围事物漠不关心；瞳孔散大，视力减退，角膜反射消失，出现意识混乱。随着病情发展，病羊精神极度沉郁，黏膜黄染，食欲减退或废绝，磨牙，瘤胃弛缓，反刍停止，呼吸浅快，呼出的气体有丙酮味，脉搏快而弱。疾病中后期低血糖性脑病的症状更加明显，病羊表现运动失调、行动拘谨或不愿走动，行走时步态不稳，无目的地走动，或将头部紧靠在某一物体上，或做转圈运动。粪便干而少，小便频数。严重的病例视力丧失，肌纤维震颤或痉挛，头向后仰或弯向一侧，有的昏迷，全身痉挛，多在1～3d死亡。

3. 预防与治疗

（1）预防本病的关键是合理搭配饲料。对妊娠后期的母羊，必须饲喂营养充足的优良饲料，保证供给母羊所必需的糖类、蛋白质、矿物质和维生素，如补饲胡萝卜、甜菜及青贮饲料等多汁饲料。对于完全舍饲的母羊，应当每天驱赶运动2次，每次30min。在冬季牧草不足时，放牧母羊应补饲适量的青干草及精饲料。

（2）用10％葡萄糖150～200mL，维生素C 0.5g，静脉注射；同时，还可肌内注射20mL维生素B_1。肌内注射氢化泼尼松75mg或地塞米松25mg，出现酸中毒症状时，可静脉注射150～200mL 5％碳酸氢钠溶液；还可使用促进脂肪代谢的药物，如肌醇注射液。

第三节　中毒病的防治

一、亚硝酸盐中毒

1. 病因　亚硝酸盐中毒（nitrite poisoning）是由于羊采食了大量富含硝酸盐或亚硝酸盐的饲料发生的高铁血红蛋白症，以皮肤、黏膜发绀及其他缺氧症状为特征。

2. 症状 本病一般发生于羊采食有毒饲草（料）后 1～5h，病羊表现出精神萎靡，神情呆滞，走动减少，人为迫使其运动时步态不稳。食欲减退或者完全废绝，停止反刍，嗳气明显减少，伴有不同程度的瘤胃臌胀，磨牙，呻吟，并有大量混杂泡沫的涎水从口角流出，排尿次数增加，但排尿量减少，同时出现腹泻、腹痛等。症状严重时，病羊全身肌肉震颤，四肢软弱无力，无法站立，往往卧地，最终由于虚脱而死。一般来说，病羊的体温基本没有明显变化，少数体温下降，可视黏膜发绀，颈静脉怒张，呼吸浅表，并逐渐出现呼吸困难，脉细且弱。

3. 预防与治疗

（1）采用特效解毒剂。每千克体重 1％的美蓝（亚甲蓝）0.1mL，10％葡萄糖250mL，一次静脉注射，必要时 2h 后再重复用药；每千克体重 5％甲苯胺蓝 0.5mL，配合维生素 C 0.4g，静脉注射。

可给病羊使用泻剂，促使消化道内容物尽快排出，以减少机体吸收亚硝酸盐或者其他毒物。另外，还要注意缓解呼吸困难、补氧以及强心，并注意补充营养。

（2）取 500～750g 绿豆粉和 100g 甘草粉末，添加适量开水冲调，待温度适宜后给病羊灌服，每天 1 次，连续使用 3～4d。

（3）取 200mL 10％～20％新鲜石灰水的上清液，75g 碳酸氢钠、50g 雄黄、100g 生大蒜、2 个鸡蛋清。大蒜捣碎，加入碳酸氢钠、雄黄、鸡蛋清，再与石灰水充分混合，给病羊灌服，每天 3 次，连续使用 2～3d。如病羊在灌药前先给耳尖或者尾尖放血，具有更好的效果。

二、氢氰酸中毒

1. 病因 氢氰酸中毒（hydrocyanism）是由于羊采食或饲喂含有氰苷的植物，在体内水解成氢氰酸，引起以呼吸困难、震颤、痉挛和突然死亡为特征的一种中毒性缺氧综合征。

2. 症状 羊误食后发病迅速，10～15min 后即可发病，病羊表现为极度不安、呼吸加快而困难，可视黏膜充血发红，先兴奋很快转为抑制，呼气带有苦杏仁味。机体迅速衰竭，步态不稳，很快倒地，瘤胃臌胀，体温下降，肌肉痉挛，瞳孔散大，反射减弱，脉搏微弱，最后昏迷尖叫而死亡。急性者可在 30min 内突然死亡。

3. 预防与治疗 对中毒的羊使用 1％亚硝酸钠，每千克体重 1mL，加入 25％葡萄糖液 50～100mL，静脉注射。然后，再用 5％～10％硫代硫酸钠按每千克体重 1～2mL 静脉注射。根据需要，进行强心、解毒的综合治疗。

灌服花生油 50～100mL，肌内注射洋地黄每千克体重 0.01mg，必要时还可用葡萄糖盐水进行补液。

三、棉籽饼中毒

1. 病因 棉籽饼含粗蛋白质 25％～40％，是家畜良好的精饲料，但棉籽饼及棉叶中含有毒棉酚。有毒棉酚又称为游离棉酚，是一种细胞毒和神经毒，对胃肠黏膜有很大的刺激性，所以大量或长期饲喂可以引起中毒，即棉籽饼中毒（Cottonseed cake poisoning）。当棉籽饼发霉、腐烂时，毒性更大。母畜慢性中毒，可使吃奶的幼畜发生中毒。

2. 症状 羊采食大量棉籽饼后，一般翌日可出现中毒症状。如果采食量少，到第10～30天才能出现症状。中毒轻的羊，表现食欲减退，低头拱腰，粪球黑干，妊娠母羊流产。中毒较重的，呼吸困难，呈腹式呼吸，听诊肺部有啰音，体温升高，精神沉郁，喜卧于阴凉处，被毛粗乱，后肢软弱，眼怕光流泪，有时还有失明的。中毒严重的羊，兴奋不安，打战，呼吸急促，食欲废绝，腹泻，便中带血，排尿困难或尿血，2～3d内死亡。肝肿大，质脆，呈黄色，有带状出血。肺充血，水肿，间质增宽。胃肠黏膜出血。心肌松软，心内外膜有出血点。肾盂和肾实质水肿，肾乳头充血。

3. 预防与治疗

（1）用棉籽饼作饲料时，应加入10%大麦粉或面粉煮沸1h以上，或者加水发酵，给喂棉籽饼的家畜同时饲喂硫酸亚铁，其计量为铁与棉酚（游离）之比为1∶1，但需要注意应使铁与棉籽饼充分混合。喂量不要超过饲料总量的20%。喂几周以后，应停喂1周，然后再喂。腐烂、发霉的棉籽饼不宜作饲料。妊娠和哺乳期母羊禁喂棉籽饼或棉叶。长期饲喂棉籽产品时，应搭配豆科干草或其他优良粗饲料或青绿饲料。铁能与游离棉酚形成复合体，使其丧失活性，故饲喂时可同时补充硫酸亚铁。

（2）停喂棉籽饼和棉叶，让羊饥饿1d左右。用0.2%高锰酸钾溶液或3%碳酸氢钠溶液洗胃和灌肠。内服泻剂，如硫酸钠，成年羊80～100g，加大量水灌服。静脉注射10%～20%葡萄糖溶液300～500mL，并肌内注射安钠咖3～5mL。结合应用维生素C、维生素A、维生素D效果更好。

四、有机磷农药中毒

1. 病因 有机磷农药中毒（organic phosphorus pesticide poisoning），是羊由于接触、吸入或采食某种有机磷制剂而致的病理过程，以体内胆碱酯酶的活性受到抑制，从而导致神经、生理、机能紊乱为特征的中毒病。羊一旦发病，死亡率较高，且易发生反复中毒现象。

2. 症状 病羊口吐白沫，口角流涎，流泪，瞳孔缩小，黏膜苍白，呼吸困难，肠音亢进，精神沉郁，心跳加快，心律不齐，体温略升高，狂躁不安，共济失调，肌肉痉挛，骨骼肌战栗，脉搏加快，时有惊恐状，兴奋时企图向前猛冲，出汗，抽搐，突然倒地昏迷。严重者粪中混有黏液及血液，呼出气有大蒜味。

3. 预防与治疗 有机磷制剂应妥善保管，防止污染饲料和饮水。喷洒过农药的作业区应有警示标识，严禁放牧。喷洒过有机磷农药的蔬菜、作物在6周内不得用来饲喂，要用也得用清水反复泡洗后才能饲喂。

五、尿素中毒

尿素是动物体内蛋白质分解的终末产物，纯品为无色的柱状结晶体。尿素除供应医药用外，在农业上广泛用作速效肥料。

1. 病因 家畜因过量喂饲尿素添加剂或误食大量尿素化肥而引起的中毒。反刍动物瘤胃能有效利用尿素中的氨以形成菌体蛋白，是廉价蛋白质的来源之一。但如喂量过多或大量误食，则可因瘤胃内的脲酶将尿素分解释放出大量二氧化碳和氨而导致中毒，即尿素中毒（urea poisoning）。

2. 症状 羊尿素喂量过大，可于食后 0.5～1h 发生中毒。开始时羊表现不安，流涎，发抖，呻吟，磨牙，步态不稳，继则反复发作痉挛，同时呼吸困难。急性者反复发作强直性痉挛，眼球颤动，呼吸困难，鼻翼扇动，心音增强，脉搏快而弱，出汗，体温不匀，口吐泡沫，有时呕吐，瘤胃臌胀，腹痛，瞳孔散大，最后窒息而死。剖检可见消化道黏膜充血、出血、糜烂及溃疡，胃肠内容物为白色或褐红色，有氨味，心外膜出血，内脏严重出血，肾及鼻黏膜发炎且有出血。

3. 预防

（1）用尿素作添加剂补饲，须注意用量。

（2）尿素不宜与生大豆及大豆饼混喂。

（3）对含氮农药应妥善保管，防止羊误食。

（4）尿缸、尿桶不要放在羊容易喝到的地方。

（5）施肥 10d 内禁止饮用田中水。

4. 治疗 病初可投服酸化剂，如稀盐酸 2～5mL，或乳酸 2～4mL，或食醋 100～200mL。同时，可内服硫酸镁或花生油。病情较严重的静脉注射 10%葡萄糖溶液 300～500mL，10%葡萄糖酸钙溶液 50～60mL，5%碳酸氢钠溶液 50～80mL 或 20%硫代硫酸钠溶液 10～20mL。瘤胃严重臌胀时，可进行瘤胃穿刺术以缓解呼吸困难。可用苯巴比妥抑制痉挛，每千克体重 10mg；出现呼吸中枢抑制时，可用安钠咖、尼可刹米等中枢兴奋药解救。

六、食盐中毒

1. 病因 给羊饲喂食盐时，若不符合标准规定，随意增加用量，可以导致其中毒（common salt poisoning）。羊长时间未摄入足够的食盐，如果此时突然供给较多食盐，加之没有采取适当控制，就会由于食入过多而发生中毒。羊长时间采食酱渣或者供给腌菜剩下的废水，即可出现中毒。没有合理保管饲料盐，被羊偷食，导致其摄入食盐过多，从而出现中毒。羊缺少饮水也是引起食盐中毒的一个原因。

2. 症状 病羊食欲废绝，但饮欲明显增强，精神不振，口、鼻黏膜发绀，眼窝下陷，瞳孔散大，结膜弥漫性潮红，大量流涎，口吐白沫，全身肌肉震颤，经常呈现努责、伸腰排尿动作，但只可排出很少的尿液，少数发生腹泻，排出酱油状粪便，并散发腥臭味。体温为38～38.7℃，脉搏为 80～120 次/min，呼吸达到 30～45 次/min。症状严重时，病羊卧地不起，人为强行扶起后步履蹒跚，很快又会倒地，呼吸音粗重，心跳加快，瘤胃蠕动缓慢。

3. 预防与治疗

（1）灌服油类泻剂，如 50～60mL 蓖麻油或 50～150mL 液状石蜡油，并配合使用

200～300mL 温肥皂水进行灌肠。

（2）按体重肌内注射呋塞米（速尿）0.5～1mg/kg，或者每次肌内注射氢氯噻嗪25～75mg，或先静脉放血50～150mL，接着静脉注射25％葡萄糖注射液100～200mL。

（3）服用鞣酸蛋白2～5g、次硝酸铋2～8g等。同时，皮下注射或肌内注射适量的维生素 B_1 或者复合维生素 B 注射液。

（4）静脉注射10％葡萄糖酸钙溶液，一般羔羊用量为5～10mL，成年羊用量为20～100mL，并配合按体重肌内注射或者静脉注射25％硫酸镁溶液0.25～0.5mL/kg。也可10％溴化钾溶液静脉注射5～30mL/次或者10％溴化钙注射液5～15mL。

（5）静脉注射20％甘露醇溶液，一般羔羊用量为10～20mL，成年羊用量为50mL；或者25％山梨醇溶液静脉注射100～250mL。

（6）脱水时可按体重静脉注射5％葡萄糖溶液10～30mL/kg、50～100mg维生素 C。

（7）为避免继发感染细菌，可使用庆大霉素、青霉素、链霉素等，并使用糖皮质激素消炎，如地塞米松等。

（8）给羊群提供适量的食盐，保证给羊群提供足够的清洁饮水。加强饲料盐的管理，要放在羊无法随意接近的地方，并注意避免与其他物品放在一起，防止误食。

参考文献
REFERENCES

蔡宝祥，2001. 家畜传染病学［M］. 4 版. 北京：中国农业出版社.

高作信，2001. 兽医学［M］. 3 版. 北京：中国农业出版社.

国家畜禽遗传资源委员会，2011. 中国畜禽遗传资源志·羊志［M］. 北京：中国农业出版社.

李延春，2003. 夏洛莱羊养殖与杂交利用［M］. 北京：金盾出版社.

石国庆，2017. 新编绵羊实用养殖技术知识问答［M］. 北京：中国农业出版社.

王锋，2012. 动物繁殖学［M］. 北京：中国农业大学出版社.

杨利国，2010. 动物繁殖学［M］. 2 版. 北京：中国农业出版社.

张嘉保，周虚，1999. 动物繁殖学［M］. 长春：吉林科学技术出版社.

图书在版编目（CIP）数据

绵羊品种与繁殖配套新技术 / 刘长彬等主编 . —北
京：中国农业出版社，2023.8
ISBN 978-7-109-30801-5

Ⅰ. ①绵… Ⅱ. ①刘… Ⅲ. ①绵羊－品种－技术手册
②绵羊－繁殖－技术手册 Ⅳ. ①S826-62

中国国家版本馆 CIP 数据核字（2023）第 108686 号

中国农业出版社出版
地址：北京市朝阳区麦子店街 18 号楼
邮编：100125
责任编辑：周晓艳 耿韶磊
版式设计：王 晨 责任校对：周丽芳
印刷：中农印务有限公司
版次：2023 年 8 月第 1 版
印次：2023 年 8 月北京第 1 次印刷
发行：新华书店北京发行所
开本：787mm×1092mm 1/16
印张：12.75
字数：302 千字
定价：108.00 元